透视幼儿心理世界

——给幼儿教师和家长的心理学建议

冯夏婷◎主编

中国轻工业出版社

图书在版编目（CIP）数据

透视幼儿心理世界：给幼儿教师和家长的心理学建议／冯夏婷主编.—北京：中国轻工业出版社，2014.2（2025.1重印）

ISBN 978-7-5019-9496-0

Ⅰ.①透…　Ⅱ.①冯…　Ⅲ.①婴幼儿心理学
Ⅳ.①B844.12

中国版本图书馆CIP数据核字（2013）第252030号

责任编辑：吴　红　　责任终审：杜文勇
策划编辑：吴　红　　责任校对：刘志颖　　责任监印：吴维斌

出版发行：中国轻工业出版社（北京鲁谷东街5号，邮编：100040）
印　　刷：三河市鑫金马印装有限公司
经　　销：各地新华书店
版　　次：2025年1月第1版第14次印刷
开　　本：710×1000　1/16　印张：16.25
字　　数：154千字
印　　数：47001—49000
书　　号：ISBN 978-7-5019-9496-0　定价：36.00元
读者热线：010-65181109
发行电话：010-85119832　010-85119912
网　　址：http://www.chlip.com.cn　http://www.wqedu.com
电子信箱：1012305542@qq.com

242250Y2C114ZBW

本书编者

主编：冯夏婷

编者：陈碧燕　冯夏婷　刘艳芝　马淑琴

苏余芬　王玲玲　周卫红

前　言

在幼儿心理与教育领域工作了近30年，我很早就有这样的愿望——写一本通俗易懂、生动活泼的有关幼儿心理的书——把大学教材里经典的心理学实验与幼儿的日常行为联系起来，像讲故事一般，让幼儿教师和家长轻轻松松地了解孩子成长过程中的心理现象，掌握心理学家们关于幼儿心理成长的研究成果，并且懂得应对孩子在日常生活和学习中出现的问题，从而更好地陪伴孩子健康成长。所以，当中国轻工业出版社的编辑吴红先生再一次找到我，希望我能够写一本以幼儿教师和家长为阅读对象的幼儿心理方面的书时，我终于有了实现这个心愿的机会。于是我和吴先生很快达成了共识，定下了这本书的写作思路。

本书首先讲幼儿在幼儿园里或家里发生的小故事，然后分析为什么会发生这些事，之后再通过介绍心理学家的实验研究成果，解释这些现象所体现的幼儿心理特点，在此基础上，给幼儿教师提供根据幼儿的心理特点来进行教学和教育的具体建议，同时也给家长提出一些建设性意见。

教师和家长们首先可以从“几个小故事”中找到自己班上孩子或自己孩子的影子，从中发现这正是自己有疑惑的地方，接着往下看——“为什么会这样”“心理学家怎么说”，于是恍然大悟，接下来最关心的就是自己应该怎么做，看完“给幼儿教师的建议”和“给家长的建议”，就可以信心满满地对待孩子了。

最后的“重要参考”部分能够拓展教师和家长的视野，这部分会有一些相当有趣的见闻或故事，能增强阅读的轻松感和愉快感。

孩子的心理发展基本上由三个部分组成：智力发展、情绪和情感发展、社会性发展。所谓智力，就是孩子认识世界的能力；情绪和情感，就是孩子是如何感受这个世界的；所谓社会性，就是孩子是如何应对这个世界的。这也正是本书的结构。孩子认识世界的过程是怎样的？有些什么特点？有些怎样的表现？在认识世界的过程中会产生怎样的情绪和情感？这些情绪和情感会以怎样的形式表现出来？有可能出现怎样的问题？应该怎样正确地引导？孩子们的行为有什么特点？他们怎样学习规则？怎样学习道德规范？怎样认识别人的世界、别人的情感、别人的行为？他们怎样学会交往？怎样学会负责任？怎样帮助孩子形成健康的人格？所有这些问题，都会在本书中得到解答。

我们的写作团队里，有在大学从事教学和科研工作达27年的专家学者（冯夏婷），还有工作在幼儿教育第一线的园长周卫红、陈碧燕，硕士毕业的幼儿园骨干教师刘艳芝，以及华南师范大学的在读研究生马淑琴、北京师范大学的王玲玲和苏余芬。大家各有所长，贡献自己的研究心得、工作体会、学习以及科研成果，共同完成了本书的写作。

感谢广州市天河区信华芊卉幼儿园和河源市源城区小太阳幼儿园的老师们，她们为本书提供了大量的案例。

特别感谢中国轻工业出版社的吴红先生，没有他的努力，就没有本书的顺利出版。

感谢我的先生和我的儿子，我的一切成绩都因为有他们的陪伴和鼓励。

最后我要感谢我的父亲和母亲，他们对我的期待是我前进的动力。父亲已经过世，希望他的在天之灵能够看见女儿的努力和进步！

冯夏婷

2013年6月于广州

目录

第一部分　幼儿是怎样认识世界的

第二部分　幼儿是怎样感受世界的

第三部分 幼儿是怎样应对世界的

第一部分　幼儿是怎样认识世界的

幼儿眼中的世界，和大人眼中的世界很不一样。因为幼儿个子矮小、身体单薄，所以他们眼中的房子很高很高，桥很长很长，路好远好远；幼儿是用自己的感觉来衡量世间万物的，所以，草是会痛的，月亮是会走路的，公鸡是会不高兴的；这个世界的一切对于幼儿来说都是未知的、新奇的，所以幼儿会奇怪“蚂蚁要去哪里呀？”“为什么会下雨呀？”“雷公公是从哪里来的呀？”；时间、空间、数，这些抽象的概念对于幼儿来说不容易懂，所以幼儿会问“妈妈，昨天是不是我1岁的时候呀？”“一只、两只、三只，这只小兔子叫作三只小兔，对吗？”“爸爸，天的上面是什么，地的下面是什么呀？”，问题真的很古怪；幼儿不懂的事情真的很多——“爸爸，为什么妈妈脸上没有胡子呀？”“妈妈可以喂奶，为什么爸爸不可以呢？”让你忍俊不禁的问题更是一个接一个……这就是幼儿！他们不是笨、可笑、幼稚，而是他们正在用他们尚不成熟的头脑、仍然有限的视野一点一点地认识世界，他们在一天一天地长大！

幼儿的思维是具体形象的，所以，认识白天和晚上就只能从具体的事情开始，“白天是太阳出来的时候，晚上是亮灯的时候”；他们的注意力很容易受客观条件的影响，所以，声色丰富而且变化多端的刺激物才是他们感兴趣的；什么是因，什么是果，要解释给幼儿听会很不容易；数字必须通过具体的事物来呈现，“一只羊、两只羊，三只羊，这里一共有三只羊，我们用数字3来表示”；当幼儿说谎的时候，要认真分析他是故意说谎还是为了躲避惩罚，又或者只是智力的局限性使然。孩子有认识性别的需要，“为什么他有小鸡鸡，我没有？”，所以，要趁早进行性别教育，“男孩子的身体通常像这样……女孩子的身体通常像这样……男孩女孩都要保护好自己的私处，男孩女孩都要尊重别人的私密。”

这就是这一部分要和大家分享的内容：幼儿认识世界的特点，思维、注意力、言语发展的特点。幼儿是怎样认识因果关系的？他们的想象力有什么特点？要怎样教“数”他们才能弄懂？要进行性别教育吗？怎样进行？我们会特别针对孩子们在幼儿园和家中的表现分别给老师和家长提出具体的建议。希望能够对作为幼儿老师或幼儿家长的你有所帮助。

1. 是世界太复杂，还是幼儿的头脑太简单？
——幼儿眼里的因果关系

几个小故事

充气床与“充气沙发”

奇奇是出了名的调皮大王，有一天，妈妈发现奇奇又干了一件“坏事”：他竟然把家里的新沙发挖了一个洞，正在往外掏沙发里的泡沫材料！妈妈非常生气，大声呵斥了奇奇，奇奇却觉得很委屈，原来，他在表姐家看到了舒服的充气床，于是想看看自己家的沙发里面装了什么，可不可以掏空了来充气……

喊不醒的熊猫

动物园里，一只可爱的熊猫在暖烘烘的阳光照耀下，懒洋洋地躺在地上。几个小朋友在妈妈的陪伴下来看熊猫，他们站在笼外，大声地喊“熊猫，熊猫！快起来！”，想把熊猫喊醒，可是熊猫毫无反应。一个男孩对此感到大惑不解，他问妈妈：“为什么喊熊猫的名字，它不理我们？”

天真的小豆豆

豆豆是个聪明、爱讲话的小女孩，小区里的叔叔阿姨们最喜欢逗豆豆玩，因为豆豆总能让大家忍俊不禁。如果你问她：“豆豆，为什么会有白天和晚上啊？”豆豆会说：“因为太阳白天得起来上学，晚上也得睡觉啊。”如果你指着跑开的小狗问她：“豆豆，为什么叔叔家的小狗跑开了？”豆豆会说：“因为小狗不喜欢我了。”如果你指着树上飘动的树叶问她：“豆豆，为什么树叶会动啊？”豆豆会说：“因为树叶在向我们打招呼啊。”

为什么会这样

事实上，这几个故事都体现了幼儿的“前因果”思维。“前因果”思维是指幼儿由于知识经验有限，思维以具体形象性为主，难以理解自然界和社会生活中比较复杂的因果关系，因此会对事物做出各种“前因果”的解释。瑞士著名心理学家皮亚杰认为，幼儿的“前因果”思维主要表现在两个方面：第一，幼儿不能发现事物状态发生变化的机制或原因，例如，他们看到自行车在动，会认为是脚踏板在直接带动轮子转动，而忽略中间的链条等连接、传动部分。第二，幼儿对因果关系的解释是以自我为中心的，如他们认为世界上的一切事物都是有思想、有意识的，思想和意识是和纸、笔一样客观存在的东西等。

第一个故事中的奇奇，没有意识到充气床垫需要气泵才能充气、材质特殊等特性，而只是看到了充气床和沙发一样有可以坐、可以躺的功能，因此才会想把沙发掏空，变成“充气沙发”。

第二个故事中的小男孩，认为任何事物都应该有一个名称，熊猫和人一样应该知道自己叫“熊猫”，应该是有思想、有意识的。这正体现了小男孩对事物的认识具有自我中心的倾向。

第三个故事中的豆豆，对一切问题都用以自我为中心的“前因果”思维来解释，她认为太阳、小狗和树叶都是有思想、有意识的，因此用这些可爱、天真的语言来解释身边的现象。

心理学家怎么说

心理学家们对儿童的因果意识有着不同的看法。皮亚杰提出了“前因果”思维的概念，认为幼儿直到 7—8 岁之后，才能达到因果阶段。但也有一些研究者对此质疑，认为幼儿对因果关系的认知受到知识经验的影响，并不是所有的幼儿都处于“前因果”思维阶段的同一水平上，为此，他们也进行了一些实验研究。

皮亚杰因果关系的实验

皮亚杰在关于“物理因果概念”的研究中，向幼儿提出一系列任务，如让幼儿解释“自行车和蒸汽发动机的工作原理是什么？”“谁制造了太阳？”“晚上谁把星星摆在天空上？”“梦是从哪儿来的？”“太阳的名字是从哪儿来的？为什么把太阳叫作太阳？”等问题。

皮亚杰通过整理分析幼儿的答案，发现幼儿会给出类似这样的答案：“自行车的脚踏板能直接带动轮子的转动”；“炉火直接引起蒸汽机的转动”；“太阳是从一个小球开始，被人抛入空中，逐渐变大，因而它具有生命，也能被人们制造，好像一个婴儿一样”；“当我们出生时，天上的星星就出生了”；“梦是在床上默想出来的微小物质的动画片”……

通过对答案的分析和整理，皮亚杰将儿童对因果的认知划分为三个发展阶段：第一个阶段是前因果阶段，此时儿童会主观地猜想、设想一些神秘莫测的东西，还没有认识到因果关系；第二个阶段的儿童（幼儿期）以人为中心来考虑因果，神秘的因素逐渐消失，但仍处于前因果阶段；第三个阶段，儿童七八岁之后，进入因果阶段，能够依据客观事物的内部联系来找原因。

2 岁幼儿认识因果关系的实验

国外另一位心理学家曾做过一个实验：先让 2 岁幼儿观察一个因果关系的事例——风吹灭蜡烛。然后向幼儿呈现两个吹风机，每个吹风机都有一个三面护罩，使风只能沿没有护罩的一面吹出。实验者将蜡烛放在两个吹风机中间，让其中一个吹风机没有护罩的一面正对蜡烛，然后开动吹风机，问幼儿是哪一个吹风机把蜡烛吹灭的。如果幼儿认识不到其中的因果关系的话，将会随机地指出两个吹风机中的一个。而实验结果表明，幼儿能够指出没有遮挡的吹风机吹灭了蜡烛。这说明，即使是 2 岁的幼儿也能够正确认识到一些简单的物理因果关系。

为什么两个实验的结论有如此大的差距呢？其实我们不难发现，与皮亚杰让幼儿发现自行车或蒸汽机工作原理的任务相比，风吹蜡烛的实验任务要容易得多。这表明，对于简单的因果关系事件，幼儿能够发现事物发生变化的机制或原因。

此外，幼儿对因果关系的认知和成人一样，受到自己知识经验的影响，随着知识经验的丰富和深化，幼儿对因果关系的理解也是由浅入深、由现象到本质地逐步发展的。

给幼儿教师的建议

幼儿对事物的认识容易受到感知觉经验的影响，难以洞悉事物的内在本质，因此，对因果关系的认知存在一定的困难。教师可以有意识地训练幼儿对因果关系的认知，具体建议如下。

（1）图片排序。用若干张图片来代表一个因果关系事件，如“花盘里的花蔫了—小朋友给花浇水—花抬起头来”的图片排序，可以让幼儿认识到植物生长需要水；“河里的水蒸发—在天空变成云—云变成雨”的图片排序，可以让幼儿学习雨的形成过程。同时，老师还可以引导幼儿由原因推出结果或由结果推出原因。

（2）多让幼儿讲讲“为什么”。讲故事时，抓住故事情节中的因果关系向幼儿提问：“为什么狼想要吃掉小羊？”课堂教学中，适时地问：“小朋友们为什么要注意安全呢？”日常生活中，启发幼儿思考，如：“为什么冬天科学角里的乌龟不爱动了呢？”

（3）借助图片、视频和故事教学。一些儿童故事和科普视频中包含对因果关系的介绍，而色彩鲜艳的图片、视频和情节丰富的故事都是幼儿最感兴趣的。图片的先后顺序、卡通视频中角色的讲解以及故事中的情节关系都有助于他们理解因果关系。

（4）进行角色扮演。让幼儿分角色表演因果关系事件，然后讨论什么是原因，什么是结果。比如，表演小朋友不小心弄坏了别人的玩具，赶紧道歉和不道歉会产生不同的结果；表演做完游戏不洗手就拿东西吃，会出现肚子痛的结果……

（5）引导幼儿观察、比较、实验，增长知识。让幼儿试一试，把不同的物体放在水里，空的瓶子会浮上来，装满水的瓶子会沉下去；纸片会浮在水上，石头会沉下去……这是为什么呢？把不同的东西扔到地上，羽毛和树叶会转悠着落下来，厚的木块会直直地落下来；玻璃会摔碎，布不会摔碎……这是为什么呢？

（6）丰富幼儿的科学知识。幼儿的“前因果”思维，归根结底在于幼儿的知识经验欠缺，因此，加强幼儿园的科学教育，丰富幼儿的科学知识，可以帮助幼儿正确理解因果关系。

给家长的建议

父母是孩子的第一任老师，孩子时不时地就会向家长提出各种“为什么”的问题，那么，父母应该如何回答以帮助孩子理解生活中的因果关系呢？

（1）尊重孩子的提问。孩子不会无缘无故地提出问题，他所问的问题就是他的兴趣点所在。关注并尊重孩子的提问，在孩子不停追问的时候，切忌粗鲁地打断孩子或者用不耐烦的、敷衍性的语言来对待孩子。

（2）设身处地地进入孩子魔幻似的思维中，从孩子的角度思考并回答问题。例如，当孩子问：“为什么苹果树会结出苹果，而不会结出梨或香蕉呢？”你可以回答：“因为苹果树是苹果的妈妈而不是梨和香蕉的妈妈，就像我生了宝宝就是宝宝的妈妈而不是小猫咪的妈妈一样啊。”

（3）当孩子的问题让你感到尴尬的时候，要巧妙地化解这种尴尬并恰当地解答。例如，当孩子问“为什么男人和女人可以生宝宝”的时候，可以给他读一读绘本《小威向前冲》，用绘本中的故事和图画来回答孩子的问题。（第 9 页有绘本的介绍）

（4）陪孩子一起寻找答案是最好的鼓励。有时候，孩子不停地追问，是为了吸引家长的注意。孩子不懂自行车为什么可以骑，爸爸妈妈可以和宝宝一起观察自行车的结构；孩子不理解为什么星星只在晚上才出现，爸爸妈妈可以和宝宝一起查阅资料；孩子想知道蚂蚁的生活习性，爸爸妈妈可以和宝宝一起去观察蚂蚁……

（5）适时地反问孩子“为什么”。在回答了孩子的问题之后，反问他一个类似的或相关的问题，比如，帮助宝宝认识了星星为什么晚上才出来之后，反问宝宝：“为什么月亮也是晚上才出来呢？”

（6）让孩子知道爸爸妈妈和宝宝一样，也不是什么都懂的。孩子的思维是天马行空的，有时候他的提问会难住父母，这个时候，除了告诉宝宝“爸爸上网查查再告诉你”之外，还可以借机让孩子理解，爸爸妈妈也不是万能的，每个人都有不懂的东西。

（7）抓住生活中的因果关系事件进行随机教育。孩子感冒了，告诉孩子：“因为天凉了不添衣服会冷，所以会感冒，感冒了要打针吃药。”家里停电了，告诉孩子：“因为电视、冰箱、空调都是电器，是要靠电才能启动的，所以停电了就看不了电视了，也用不了冰箱和空调了。”

重要参考

幼儿眼中的因果关系

心理学家布洛克（M. Bullock）和格尔曼（Gelman）等认为基本原则（如有因才有果）、刺激信息（如原因和结果的先后顺序）、知识三者构成了幼儿因果推理的基础。幼儿可以利用自己已有的知识经验，依据明显的刺激信息来理解简单、熟悉的因果关系事件。但幼儿与成人的区别在于幼儿的思维发展水平和知识的局限，使他们难以发现事物之间复杂的、隐蔽的因果关系。因此，丰富幼儿的科学知识和科学文化是帮助幼儿认识因果关系的重中之重。

附：性教育绘本《小威向前冲》简介

作者：【英】尼古拉斯·艾伦 / 文·图

译者：李小强

出版社：贵州人民出版社

出版时间：2008 年

内容简介：小威是一个小精子，他和 3 亿个朋友一起住在布朗先生的身体里。游泳大赛的日子一天天地临近了，小威每天都在努力地练习……他知道他必须要游得超级快，才能赢得那个奖品——一个美丽的卵子。比赛结束时，发生了一件又奇妙、又神奇的事！小威最后去了哪儿呢？赶快翻开这本有趣、温馨、可爱的图画书，一起来看看吧……

2. 幼儿为什么爱看电视？
——幼儿注意力的特点

几个小故事

电视广告的忠实观众

我国著名经济学家于光远老先生晚年时记录过外孙女非非的成长日志，其中说到2岁多的非非是电视广告的忠实观众。每天晚上6:30到7:40这段时间，非非会同外公一起看电视，但她对《新闻联播》、文化知识等节目都没有兴趣。她喜欢看的是《新闻联播》后的广告。恒源祥广告里的“羊羊羊”，一个洗衣机广告里的人做出的一张怪脸，一个广告里出现的没有牙的老太婆，还有一个香肠广告里的猫咪……都强烈地吸引着非非。

方枪枪与“吃人的妖怪”

根据王朔同名小说改编的电影《看上去很美》讲述了3岁男孩方枪枪的幼儿园生活，其中有这样一段场景：班主任李老师让小朋友表演各种动物的神态，她自己也惟妙惟肖地表演了一个大猩猩。但她的“敬业”表演并没有得到意想中的效果，反而吓得方枪枪晚上做了噩梦。第二天，方枪枪就告诉其他小朋友：“李老师有尾巴，是个吃人的妖怪！”这引发了幼儿园小朋友的恐慌，小朋友们互相检查对方有没有尾巴，最后还决定集体捆住睡梦中的李老师。

奇妙的彩色铅笔盒

中班刚开学的时候，老师发现童童好像变得“好动”了：上美术课的时候，她把彩色铅笔盒开了关，关了开，在画一幅画的过程中要重复几十次。只见她先打开铅笔盒，然后取出一只黑色的铅笔，立刻“啪嗒”一声关上盒子，画上几笔。接着，又打开盒子，把黑色的铅笔放回原处，“啪嗒”一声关上盒子。老师还以为她画完了呢，谁知她又打开盒子取出红色的铅笔来，再“啪嗒”一声关上盒子，在纸上画几笔。过了一会儿，红色的部分画完了，她又打开盒子，把红色的铅笔放回去，“啪嗒”一声关上盒子，然后重新打开铅笔盒取绿色的铅笔……每画几笔，她都要重复把彩色铅笔盒开来关去。

为什么会这样

事实上，这几个故事都涉及了幼儿注意力的特点。在整个幼儿期，幼儿注意的特点是以无意注意为主，而有意注意刚刚萌芽；注意的稳定性比较差，多是随意注意；注意的范围小，比较容易被活动多变的事物吸引。

第一个故事中的非非，她热衷于电视广告，正是由于电视广告中好听的声音、活动多变的形象、鲜艳的色彩以及丰富的想象力非常符合非非这个年龄段幼儿的注意特点，广告中一声好听的“羊羊羊”就可以吸引非非强烈的关注。而外公观看的《新闻联播》等节目是专为成人设计制作的非常严谨的节目，非非就不感兴趣了。

第二个小故事中的方枪枪被李老师扮演的大猩猩吓到了。他的注意点并没有放在李老师的模仿上，而是放在了“大猩猩”可怕的形象上。再加上这个年龄阶段幼儿的认知能力有限，所以他才会认为李老师是可怕的妖怪，引发了幼儿园小朋友们的巨大恐慌，以致闯了“大祸”。

第三个故事中的童童，她的奇怪行为原来是因为这个铅笔盒和她以前用的不一样，这个铅笔盒的盖子里面有两块小磁铁，每关一次盒子都可以感受到盖子的吸附力量，这让她感觉非常新奇。画画已经完全不能吸引童童的注意了，她全部的注意力都放在了开关铅笔盒带来的乐趣上。其实，等她对这个铅笔盒渐渐习惯了，就不会再那样不停地开来关去了。

心理学家怎么说

那么，孩子们是什么时候开始发展注意力的呢？事实上，当刚出生的小宝宝把视线转向有光亮的地方时，他们的注意力就开始发展了。心理学家们为了研究儿童注意力的特点，进行了一系列的实验。

罗伯特·范茨的视觉偏好实验

罗伯特·范茨（Robert Fantz，1963）通过视觉偏好法观测了婴儿对不同图案刺激的注意时间。他以0—2岁的婴幼儿为实验对象，采用其独创的“观看室”（图1）进行视觉偏好实验：“观看室”里面放置一张小床，让婴幼儿躺在小床上，眼睛可以看到挂在头顶上方的物体。“观看室”的顶部开了一个窥视小孔，以方便实验者观察婴儿的眼睛活动。可以不断更换“观看室”上方悬挂的物体，通过从窥视孔里看到的婴幼儿眼中反射出的物体形象，以秒表记录婴幼儿注视物体所花的时间。

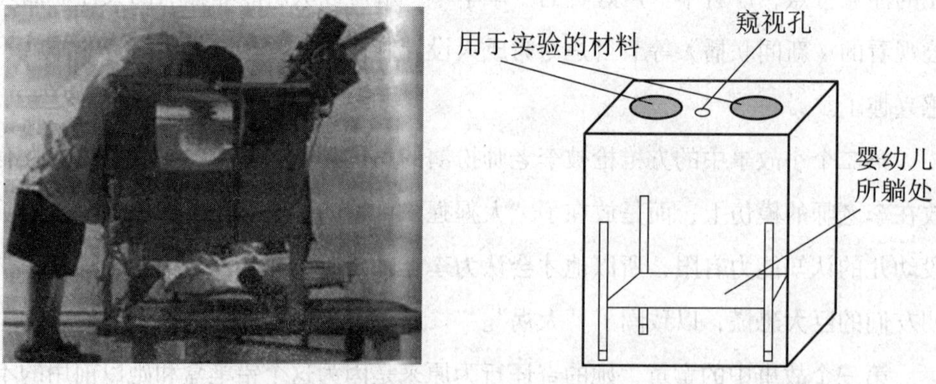

图1　罗伯特·范茨设计的观看室及模型

范茨首先进行的是给出生 8 个星期的婴儿看一张靶心图和一张横条图，通过记录，发现婴儿注视两张图的时间明显不同，婴儿注视靶心图的时间更长。接着，范茨又对实验做了改进：一方面，增加了给婴儿看的材料，包括形状和复杂程度不同的图片，例如脸、绘画、玩偶的眼睛以及红色、白色、黄色的圆盘等；另一方面，选择的实验对象年龄更小，甚至有仅出生几天的婴儿。

范茨的实验结果显示，仅 2 天大的婴儿就表现出对有图案刺激物的注视时间比对红色、白色或黄色圆盘的注视时间长，2~3 周大的婴儿更喜欢看图案——脸、绘画或玩偶的眼睛，其注视时间明显更长。由此可以看出，婴幼儿更喜欢注意一些鲜明直观的、活动多变的、具体形象的东西。

习惯化与去习惯化实验

研究婴幼儿注意力的特点的另一个经典方法是习惯化与去习惯化的实验。简单地说，习惯化是指如果一个物体反复在孩子面前出现，他对这个物体的反应就会减弱；去习惯化是指当物体变换之后，孩子对已经习惯化了的反应的恢复。

图 2 和图 3 是一项新生儿习惯化与去习惯化研究的结果：在研究的第一部分，向 7 个小时大的新生儿呈现图片 a。结果表明，第一次呈现时，婴儿平均注视时间为 41 秒；再呈现七次这张图片，婴儿的注视时间越来越短。

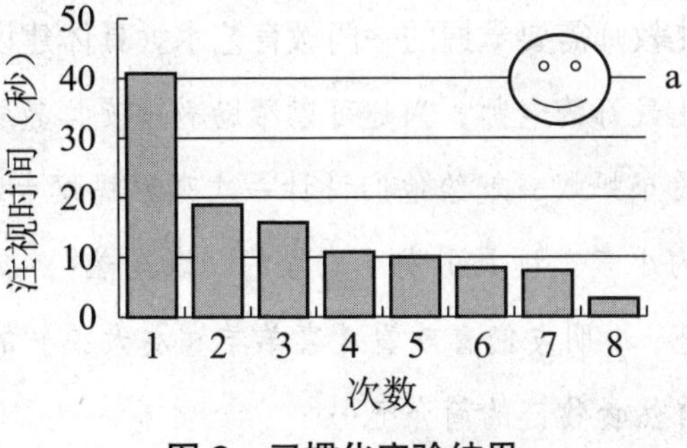

图 2　习惯化实验结果

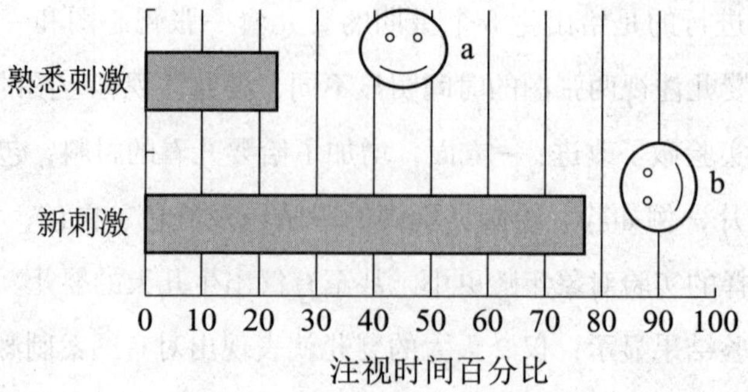

图3　去习惯化实验结果

研究的第二部分，向婴儿同时呈现熟悉的图片（他们刚刚习惯化了的图片 a）和新图片（把图片 a 旋转了 90° 的图片 b），结果他们注视新图片 b 的时间是注视熟悉图片 a 的 3 倍。

习惯化与去习惯化实验应用的年龄范围非常广泛。由这个实验我们可以看出，婴幼儿的注意受新异和习惯化的影响非常大，他们更容易注意一些新奇的、多变的事物，当对一些事物熟悉之后，其注意的时间会大大缩短。

给幼儿教师的建议

抓住幼儿注意力的特点，让幼儿在注意力不稳定的情况下获取更多关于外界环境的知识，是幼儿教师需要掌握的一门教育艺术。具体建议如下。

（1）兴趣是幼儿最好的老师。兴趣可以帮助教师安排教学内容。小朋友们爱蹲在地上看小蚂蚁，就给他们设计一次观察蚂蚁生活习性的活动吧；小朋友带来的小汽车玩具引发了班里的“汽车热”，就带他们一起认识认识小汽车吧；小朋友们喜欢看《喜羊羊和灰太狼》的动画片，就趁机来一次对大自然食物链的简介吧……

（2）给幼儿选择的自由。幼儿最能集中注意力、最投入的时候，是他们做自己喜欢做的事情的时候。为什么仅仅是一盆水和一个塑料碗就能让一个 4 岁的小朋友单独玩上一个下午？仅仅因为他喜欢玩水。给幼儿预留充足的自由游戏时间，让幼儿选择自己想做的事情，你会发现，他们每个人都陶醉在自己的小小世界里。

（3）采用多变的、新颖的教学方式方法。讲故事时可以结合美丽的图片、优美的音乐、好玩的游戏和表演；画画时可以到院子里去观察，也可以安静地欣赏别人的作品；语言课上可以不只是老师讲，还可以让幼儿轮流来做新闻播报员、天气预报员，也可以来个故事大王评选和朗诵比赛。

（4）在游戏中学习。比如学儿歌时，把儿歌的歌词编成小故事，让幼儿进行动作表演，他们就可以很快记住歌词和旋律了；韵律活动时，把舞步和动作按节奏编成幼儿游戏，幼儿在游戏中学韵律，就可以很快学会。

（5）通过安静的活动训练幼儿注意的稳定性和持久性。比如手工活动和画画时，对幼儿提出安静的要求，可以逐渐提高幼儿的自控能力。

（6）营造安静、简洁的环境。活动室里的布置过于花哨，更换布置过于频繁，教学辅助材料过于有趣、繁多，教师的衣着打扮过于新奇，都可能分散幼儿的注意力。营造美的幼儿园环境并不等同于花哨、频繁地更改环境。

给家长的建议

在家庭生活中，父母更要认识并尊重幼儿的这一发展特点，培养幼儿专注、持久的注意力。具体建议如下。

（1）营造安静、适宜的生活环境。不必把孩子的房间布置得五颜六色，堆满各种玩具、玩偶，这会分散孩子的注意力，房间的布置温馨、舒适就好。另外，在孩子安静地游戏、看故事书、画画的时候，父母要尽量关闭电视、小声地说话，将具有诱惑力的物品摆放在较远的位置。

（2）养成有规律的生活习惯。形成简单而有规律的家庭生活节奏，每天起床、吃饭、散步、游戏、学习的时间安排得较为固定，并和幼儿园的一日常规较一致。

（3）控制孩子看电视和打电脑游戏的时间。电视和电脑游戏对于幼儿的吸引力是巨大的，但如果孩子沉迷其中，就会大大减少户外游戏和运动的时间，使孩子无心做其他的事情，也会影响到孩子大脑的发育。

（4）通过游戏进行集中注意力的训练。例如让孩子玩一些走迷宫、找不同、拼图的游戏，就可以训练孩子的注意力。

（5）多一些鼓励。当孩子能够集中注意力完成一件事情的时候，及时鼓励和表扬孩子，可以使孩子更乐意在这个领域继续努力。

（6）多一些陪伴。爸爸妈妈和孩子一起做游戏、讲故事，这本身就可以延长孩子集中注意力的时间。在父母与孩子共同游戏的时候，父母言语的指导、专心的示范都可以让孩子更加专心地做事情。

（7）及时关注并调整孩子的身心状态。孩子在生病或者心情不好的时候，是很难集中注意力的，因此，给孩子多一些关爱，照顾好孩子的身体，并帮助孩子保持愉悦的情绪，是让孩子专心致志的基础。

重要参考

幼儿的注意

幼儿的注意范围随着年龄增长而不断扩大。国外的一项研究表明，6岁以下的幼儿在看电视节目《芝麻街》（美国收视率最高的儿童节目）的时候，往往专注于片中的视觉形象，如各种动物主人公的衣着、长相、动作表现等，而不理会他们之间的对白内容。6岁以后的幼儿不仅对视觉形象感兴趣，而且能同时注意接收听觉方面的刺激信息——对白。研究还表明，4—6岁的幼儿对节目中的重要信息很敏感，看完节目后能回忆起重要的情节内容，而对不重要的部分则往往回忆不起来。由此可以看出，即使是幼儿专注地从事一项活动，其注意也是有选择性的。因此，父母和教师的责任在于帮助幼儿逐渐养成专注的习惯。

3. 童言为什么好笑？
——幼儿的语言常常缺乏逻辑

几个小故事

“领衔”主演

6 岁的雯雯跟妈妈去看电影，电影院里贴了很多海报，雯雯看了海报很困惑地问妈妈：“为什么每部电影都是一个叫‘领衔’的明星主演的？‘领衔’是谁啊？”妈妈觉得好笑，就给她解释：“‘领衔’不是一个人的名字，而是最主要的意思，‘领衔主演’呢，就是最重要的主演；要看‘领衔主演’冒号后面的名字，才能知道谁是最主要的演员。”雯雯似懂非懂地点了点头。

“免费睡觉”的萱萱

萱萱 4 岁了，这段时间特别爱说话，而且总是语出惊人。

每天晚上临睡前，妈妈都要萱萱刷牙洗脚，但萱萱经常会不乐意。一天晚上，萱萱一脸惆怅地说：“妈妈，我什么时候才能免费睡觉啊？”

萱萱对听到的新词也特别敏感，有一次，她让妈妈解释“有苦难言”，妈妈说就是心里有苦说不出来，萱萱一副恍然大悟的样子：“哦，原来就是肚子疼啊！”

加油站的故事

加拿大心理学家勒弗朗索瓦在介绍幼儿语言发展时讲了一个 4 岁半的小朋友

芮米玩垒高拼装玩具时自言自语的故事：

“我要装满正规军。嘟嘟嘟嘟嘟。

谢谢。呜呜呜—呜呜呜—呜呜呜。

我将用正规军装它。嗒嗒嗒嗒—嗒啊啊。

撞！

我的车坏了，它们撞在一块儿了。

我要给车加油。

哎哟，哎哟。车胎瘪了，我需要给车胎充气。

扑哧、扑哧、扑哧。

呼哧、呼哧、呼哧。

我被骗了，他弄坏了我的房子。他需要一个新轮胎。

昵昵昵阿，昵昵昵阿。

喔喔喂！他的车胎瘪了。

我要无铅汽油。

呼哧、呼哧。嘻嘻呜呜。”

芮米的游戏结束，加油站的故事也讲完了。没有接触过这个年龄段幼儿的成人一定感到很困惑：这个小朋友在讲什么？

为什么会这样

0—6 岁是幼儿语言发展的关键阶段，幼儿语言的学习和发展会受到遗传、环境等多重因素的影响，在学习过程中可能会出现规则泛化、错误迁移和模仿等逻辑性错误。所谓规则泛化，是指儿童在掌握了某种语言规则后将其应用于其他语言环境中的现象。例如，幼儿经常听到成人说“吃过饭了”“喝过水了”，就学会了“过”这个词，当妈妈让他跟小朋友告别时，他说“我再过见了”，但“再过见了”这种说法并不符合我们日常的语言规则。而错误的模仿和迁移在幼儿的表达中更为常见，幼儿常常会运用生活中听到的词语或句子，例如很多小朋友会在交谈中冷不丁地蹦出个不合时宜的广告词、成语等。

第一个故事中的雯雯，因为听到过“某某明星主演”这样的说法，因此将不熟悉的“领衔”一词理解成了某位明星的名字，这种错误迁移不足为奇。

第二个故事中的萱萱“免费睡觉”的说法是对语法规则的泛化。事实上，成人能理解萱萱“免费睡觉”的意思是不需要刷牙洗脚就睡觉，但是在我们的日常语言规则中并没有这样的说法。而对于“有苦难言”的理解，则是由于萱萱生活经验有限而引起的简单错误。萱萱的语言充满童真童趣，真是让人忍俊不禁。

第三个故事中的芮米，其自言自语的内容似乎缺乏逻辑性，但可以看出他丰富的想象力和高超的词汇使用技能。留心观察身边四五岁的小朋友，你会发现很多孩子都会在游戏时自言自语，这正是幼儿语言发展的一个重要表现。

心理学家怎么说

幼儿到底是如何获得语言的呢？为什么尽管在学前阶段没有接受明确的教导，他们仍然能够逐渐掌握复杂的语言结构呢？幼儿语法能力的获得，究竟是对成人的简单模仿，还是已经形成了一般规则？关于儿童对语法规则的理解，儿童语言研究专家琼·伯克（Jean Berko，1958）有一个著名的研究实验。

伯克的儿童语法习得实验

为了考察儿童对语法规则的理解，伯克根据英语构词规则虚构了一些没有意义的单词，这些虚构的单词可以避免儿童对成人语言的模仿和语言经验的影响。

伯克将这些无意义的单词呈现在卡片上，配上颜色鲜艳的图画和相应的文字，卡片共有 27 张。在这些实验材料中，最著名的是一种被伯克称为“Wug”的像鸟一样的小动物（如图 4），实际上这个单词和这种小动物都是不存在的。

This is a wug （这是一只“Wug”。）

Now there is another one.（现在又有另外一只。）
There are two of them.（它们一共有两只。）
There are two__________.（有两只__________。）

图 4　伯克的“This is a wug”实验

实验者向儿童（4~7 岁）呈现这些卡片，并要求儿童在实验者大声念出卡片上的文字时看着卡片，接着要求儿童填空。实验结果显示，儿童回答出符合语法规则的单词的正确率要高于随意设定的单词的正确率。此外，实验还表明，儿童掌握了以下语法规则知识：名词的复数形式（“There are two wugs”）、名词的所有格形式、第三人称单数及动词的过去式。

虽然这一实验材料是为母语为英语的儿童设计的，但伯克的研究结果揭示出儿童不仅依赖语法规则，而且能够提炼新规则，并把这种规则用于新的情境。而这也正是幼儿的语言常常缺乏逻辑性的原因之一，他们善于模仿和总结，但受到知识经验的限制，经常会“自以为是”地使用语法规则而闹出各种各样的笑话。

给幼儿教师的建议

幼儿教师是幼儿语言学习中的重要引领者，教师应该重视对幼儿语言的培养和训练，努力开发幼儿潜在的语言能力。

（1）正确示范。教师在幼儿园要讲普通话，如果仅在课堂上说普通话，课下说方言，那么幼儿如何能够准确区分呢？同时，要做到语音准确、词汇规范、语法标准，克服地方方言中的一些缺陷，例如平翘舌不分、前后鼻音不分等。此外，还要注意不要在幼儿面前谈论少儿不宜的话题，例如年轻女教师们爱谈论的八卦话题等，如果你发现幼儿在谈论大人们谈论的话题，不用感到奇怪，那是他们从成人那里学来的。

（2）重视发音技能的培养。幼儿的语音不标准有时也是使人发笑的原因，例如，他们把“吃饭”说成“吸饭”，“牛奶”说成“流来”。教师可以针对幼儿错误发音的特点，选取适合的顺口溜、诗歌或绕口令，让幼儿朗读。同时要多鼓励，有耐心，以消除儿童的紧张感。

（3）提供丰富的语言环境。教师可以在活动区角放置适龄的图书、绘本以及录音机、磁带等，提供合适的物质环境，让幼儿学会自己去听、去说、去看，边玩边学；精神环境主要是指教师的亲和态度，教师要鼓励幼儿多看、多听、多说，不一味地为了追求课堂的安静而禁止幼儿发言。

（4）借助图画讲故事。每天或在每周固定的时间，让幼儿围成圈坐在舒服的椅子或坐垫上，听老师绘声绘色地读或讲故事，对他们来说，这不仅是一种快乐的体验，更能使他们获得丰富的语言刺激。如果再配上色彩明亮、图案简明的图片来激发幼儿的语言交流和讨论，则更是让幼儿踊跃表达的好机会。

（5）组织正规的语言教育活动，开展谈话、讲述或早期阅读活动等，让幼儿多说、会说、说多、说会，通过课堂集中、有效地提高全体幼儿的语言表达与交流能力。

（6）开展各项语言活动。每天安排一个小朋友做“天气预报员”“小小新闻播报员”，定期举办朗诵大赛、“故事大王”比赛、童话表演、木偶剧表演，让幼儿在丰富多彩的活动中敢说、会说。同时，对于那些不爱说话或说话能力弱的幼儿，找机会与他们多说几句话，鼓励同伴交流，也会达到事半功倍的效果。

（7）巧纠正。幼儿分不清“你”“我”“他”，可以教给他说“我”的时候拍拍自己的小胸脯，说“你”的时候指指对方，说“他”的时候指指别人；幼儿说话时语句颠倒、逻辑混乱，不要直接对他说：“你说错了”，而要对他说“你是不是想说……”，按时间、地点、人物、事件的顺序示范给幼儿……

给家长的建议

语言的发展是幼儿智力发展的基础和重要表现，父母在与幼儿的交往中要丰富幼儿的语言环境，促进幼儿语言能力的发展。具体建议如下。

（1）认真倾听并主动与孩子交流。从婴儿期开始，父母就可以有意识地多对孩子说话。宝宝睡醒了，父母一边抱他起床，一边说：“宝宝起床了，小腿蹬蹬，长一长。”宝宝饿了，一边喂他吃奶，一边说：“好吃吗？香不香？甜不甜？”当孩子学会说话之后，家长要善于倾听，虽然孩子的表达会慢、会费力，但父母的倾听是对孩子说话的最大鼓励。

（2）拒绝标准化的对比。幼儿的语言发展有一个过程，细心的父母可以留意孩子什么时候说第一个词、第一个句子，但不要与其他的小朋友做对比。有的孩子语言起步早，有的孩子起步晚，但毫无疑问，所有没有生理障碍的孩子都能够学会说话。

（3）灵活改造孩子的语言。比如：改写孩子所说的话，孩子说：“狗狗叫。”妈妈可以问：“小狗什么时候叫的？”拓展孩子所说的话，孩子说：“狗狗叫。”妈妈可以回答：“是王叔叔家的小黄狗在叫。”标注孩子的生活环境，告诉他“这是迎春花”“那是电视”，回答孩子的“是什么”“为什么”等问题。

（4）学儿歌，讲故事。教孩子唱儿歌，可以纠正其发音，使其学会灵活表达。每天讲个睡前故事，不仅可以增进亲子交流，还可以扩展孩子的用词和语法，丰富孩子的知识。

（5）鼓励孩子多说话，不溺爱。有的父母过于溺爱孩子，孩子想要什么东西，只要用手指一指，父母就赶紧拿给他，孩子完全用不着说话就已经能满足自己的任何要求，又怎么会愿意说话呢？如果孩子想要饼干，父母可以拿出饼干，教孩子说“饼干”，直到孩子说出这个词再把饼干给他；孩子想要看动画片，父母可以要求他看过后把动画片的内容讲给父母听，才允许他下次继续看……

（6）多肯定，少否定。父母不要因为觉得好玩而经常把孩子的错误当作笑话来讲，而要多鼓励孩子，不随意打断孩子说话，做认真倾听的“耐心妈妈”“耐心爸爸”。

（7）注意孩子的年龄，少用或不用儿化语。宝宝初期会把“吃饭”说成“吃饭饭”，把“睡觉”说成“睡觉觉”，把“汽车”说成“嘀嘀”等，虽然这些儿化语好玩，但如果父母一直这样模仿或强化孩子，孩子会以为这样的说法是正确的，因此，父母要规范用语，以帮助孩子摆脱儿化语，正常交流。

重要参考

幼儿的语言发展

幼儿语言发展的一般阶段：

（1）前言语阶段（1 岁前）：表现为哭、咕咕叫、咿呀学语等。

（2）单词句阶段（12 个月）：表现为词和手势、动作的结合，用简单的话来表示复杂的意思。如“妈妈”的意思可能是要妈妈抱、亲亲妈妈等。

（3）双词句阶段（也称电报句阶段，18 个月）：表现为把两个词连接起来，通过词序的不同表达不同的意思。如“妈妈书”，意思可能是让妈妈给他拿书、让妈妈讲书上的故事等。

（4）简单完整句阶段（2 岁到 2 岁半）：表现为句子中有主谓语，句型简单。如“爸爸在哪儿？”。

（5）无关联词复合句阶段（2 岁半到 4 岁）：表现为句子由两个或两个以上的单句组合而成，但没有或很少有关联词。如“妈妈上班，我上幼儿园”。

（6）关联词复合句阶段（4 岁以后）：表现为句子由两个或两个以上的意思关联较密切的单句组合而成，并出现关联词，即成人式的句子结构。如“因为妈妈要上班，所以我要去幼儿园”。

4. 为什么妈妈也有妈妈？

——幼儿的学习特点

几个小故事

妈妈的妈妈

有一天，3 岁的童童遇到了难题——外婆来了。童童在广州出生、成长，外婆住在青岛。外婆第一次见童童时，童童才刚满月，这是外婆第二次见童童。刚满月时候发生的事，童童自然是不记得，因此，外婆对于童童来说是个“陌生人”。这个陌生人刚一进门，童童的妈妈就迎了上去，“妈妈，您来啦！”这让童童大为不解：自己的妈妈才是妈妈，这个老太太不是“妈妈”，童童有妈妈，妈妈怎么也有妈妈？童童睁大了眼睛，显得非常迷惑。

女人的照片都是妈妈

著名演员谢芳回忆起她年轻时候的生活，其中有一个细节是关于孩子的。因为谢芳常年在外拍戏，儿子很少见到妈妈，家里人都是指着谢芳的照片，跟孩子说这就是妈妈，于是儿子看见女人的照片就说“妈妈”。有一次家里人带他经过照相馆门前，儿子指着这张照片叫妈妈，又指着另一张照片也叫妈妈，看见所有女人的照片，他都叫“妈妈”。说到这些，谢芳很是辛酸和感慨，“是啊！对我儿子来说，妈妈不就是张照片嘛！”

还没洗手的小朋友究竟是谁呀？

小班的李老师是刚从学校毕业的实习老师，这一年她担任小（3）班的副班老师。一天，小朋友们准备吃午饭了，一些小朋友洗好了手，还有一些小朋友只顾着玩没有洗手，于是李老师说："还没有洗手的小朋友请去洗手，我们马上要吃午饭了。"结果没有一个小朋友去洗手。然后李老师对其中一个没有洗手的小朋友说："君君，你洗手了吗？"君君说："没有。"李老师说："请你现在去洗手。"君君马上就去洗手了。李老师接着问另一个小朋友："品超，你洗手了吗？""没有。""你现在去洗手吧！"品超也赶紧去洗手……那么，为什么李老师说"还没有洗手的小朋友请去洗手"的时候，幼儿没有反应呢？

为什么会这样

上面的几个小故事，其实都体现了幼儿思维的一个重要特点——具体形象性。幼儿的思维是具体形象性思维，所谓具体形象性思维，是指幼儿在认识事物的时候，要依靠五官对事物的样子、声音、气味、味道、摸上去的感觉等具体特征的感觉，而不能像成人那样进行抽象概括。

对于第一个故事中的童童来说，"妈妈"这个称呼，代表的就是"自己的妈妈"这样一个有着独特的音容笑貌的具体的人，至于外婆，那就只能是"外婆"，不能是"妈妈"。所以，当妈妈叫外婆"妈妈"的时候，童童觉得不能理解。

第二个故事中谢芳的儿子，因为很少见到妈妈本人，他所认识的"妈妈"就是"照片"，所以所有相像的照片，也就是女人模样的照片，就都是妈妈了。听起来真的很让人心酸呢！

第三个故事中的小班幼儿，他们只知道自己叫君君、品超等，而不叫"还没有洗手的小朋友"，所以，当李老师说"还没有洗手的小朋友请去洗手"时，他们当然没有反应了。只有当李老师叫"君君（或品超），请去洗手"时，幼儿才认为是在叫自己。

心理学家怎么说

著名儿童心理学家皮亚杰通过一系列实验发现了幼儿思维的具体形象性。另外一些心理学家也在他们的实验中证明了这一点。

皮亚杰的三山实验

在皮亚杰设计的三山实验中，三座山以不同的颜色和特征来区别标示，一座山的山顶上有一间小房子，另一座山的山顶上有一个红色的十字架，还有一座山上覆盖着白雪。三座山的模型放在桌子上，儿童面对模型而坐。实验者把一个娃娃放在桌子上模型四周的不同位置上，然后提供三张在不同的位置上所看到的三座山的位置的图片（如图 5 所示），问幼儿："现在娃娃看到的是哪一张图的样子？"结果 3—6 岁的孩子很少有人能够做出正确的选择，他们只会根据自己当时所处的位置，选择和他所看到的三山位置一样的图片。

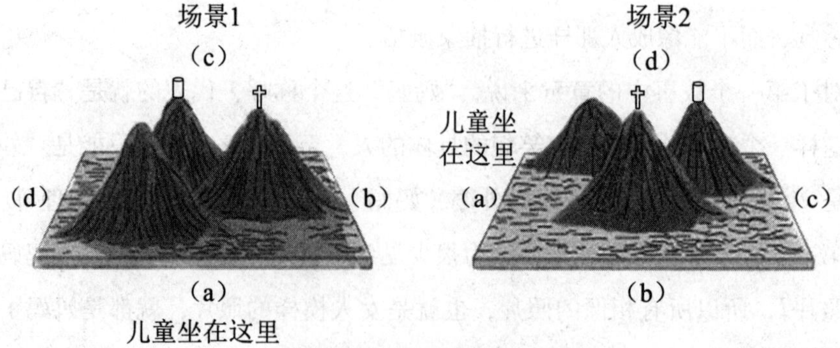

图 5　皮亚杰的三山任务

这个实验说明 3—6 岁的孩子是根据自己所见到的具体事物形象来思维的，他们还没有达到可以站在别人的角度进行思维这样的水平。

皮亚杰关于守恒的实验

“守恒”是指物质从一种形态转变为另一种形态时，物质含量保持不变。皮亚杰设计了一系列的守恒实验，证明 3—6 岁儿童的思维带有具体形象性的特征，他们只能集中于问题的一个维度，注意的是事物表面的、明显的特征，而不能认识到“守恒”这个特性。

（1）液体守恒实验。皮亚杰向儿童呈现两只完全相同的玻璃杯，杯子装有等量的液体。在儿童确认两只杯子中的液体是“一样多”之后，实验者把其中一杯液体倒入旁边一只高而细的杯子中，液面自然升高了许多（如图 6 所示）。这时候问儿童：“这两杯水是一样多还是不一样多？”大多数 3—6 岁的孩子都会认为细而高的杯子中的液体多一些。

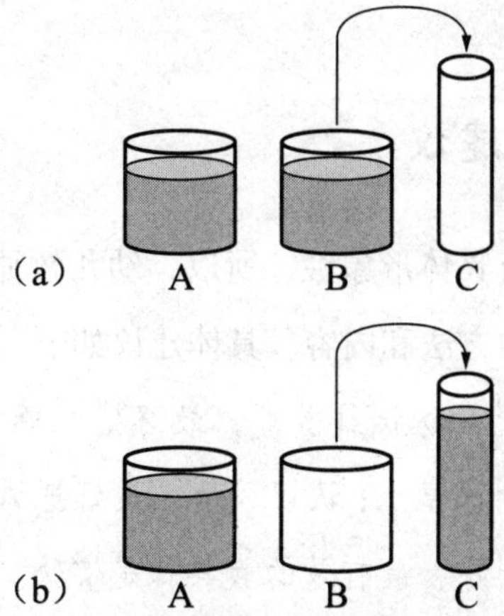

图 6　液体守恒实验

（2）数量守恒实验。皮亚杰向儿童呈现两排数量相同而且一一对应的纽扣，在儿童确认两排纽扣“一样多”之后，移动其中一排纽扣，使之看上去“更长”（如图 7），这时候问儿童两排纽扣“一样多还是不一样多？”，3—6 岁的儿童大多数都回答说变长的那一排纽扣多一些。

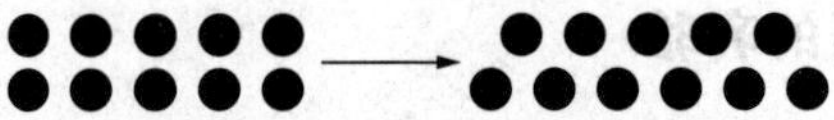

图 7　数量守恒实验

（3）物质守恒实验。皮亚杰向儿童呈现两个大小相等的泥球，在儿童确认它们是一样大之后，把其中一个泥球压扁压平（如图 8），再问儿童，“现在它们一样大吗？”3—6 岁的儿童大多数都回答说扁平的那个大一些。

图 8　物质守恒实验

皮亚杰的实验发现，3—6 岁的孩子没有认识到守恒，8 岁左右的儿童才能认识到守恒。

给幼儿教师的建议

由于幼儿的思维带有具体形象性，所以，幼儿教师在进行教学时就要选择和采用符合孩子这一特点的方法和内容。具体建议如下。

（1）多使用实物。比如认识红萝卜，最好把红萝卜带到课堂上；认识金鱼，就把金鱼缸带到课堂上；认识风扇，最好把风扇直接带到课堂上。对幼儿教师来说，最好、最有效的教具就是实物。

（2）辅助使用图片。如果实物不方便带到课堂上，使用图片来辅助教学也是一种很好的做法。比如认识狗，可以多呈现一些狗的照片；认识警察，可以多准备一些警察工作时的照片。

（3）使用模型。模型也可以帮助幼儿更好地认识事物。比如地球的模型、风车的模型可以帮助幼儿认识地球、了解风车的原理。

（4）多媒体教学。电脑动画、录像这些可以把事物、科学原理等具体形象地呈现出来的方法，也对教学有帮助。比如认识沙漠、海洋、极地，录像片是最好的选择；“遇到地震怎么办？”通过电脑动画演示，能让幼儿印象深刻。

（5）正确的示范很重要。想要幼儿怎么走路、怎样比赛、怎样做实验，教师最好做出正确的示范，这样直观的方法最有效。教师一定不要做错误的示范，因为爱模仿是幼儿的天性，学错误的动作，幼儿会觉得很有趣。

（6）榜样很重要。太多的说理对幼儿来说并没有太大的作用，教师的榜样作用则是巨大的，所以，如果要培养有礼貌的孩子，教师和教师之间、教师对幼儿及其家长就要彬彬有礼；如果想培养好脾气的孩子，教师自己就不要乱发脾气。教师是孩子最好的榜样。

给家长的建议

幼儿的父母要了解幼儿认识事物的特点，在陪伴孩子认识世界的过程中，要使用孩子能够理解和接受的方法。比如：

（1）语言和动作配合。教孩子一些词汇的时候，可以配上相应的动作，比如教“大象”，用双手合在一起在身体前面做出像大象的鼻子那样的动作；教“小鸟”，做出小鸟飞时扇动翅膀的动作；教“跳一跳”“转圈圈”，就领着孩子直接做跳一跳、转圈圈的动作。这样形象的学习对孩子来说很有趣。

（2）词汇和“声音”的配合。比如小鸡“唧唧”，小狗“汪汪”，小猪“噜噜”，大风“呼呼”，小雨“哗哗”，别小看这些象声词的运用，因为有了这些象声词，不仅孩子能很快记住故事中的角色、情景，而且其学习兴趣也会高涨。

（3）故事和表情夸张地配合。一边讲故事一边配合惊讶、害怕、高兴、伤心等表情和语气的夸张变化，孩子会听得津津有味。

（4）选择有丰富图画的书。无论是故事书，还是认识动植物、认识时间等的书，一定要有丰富的图画，陪着孩子一起读，孩子才能看得懂，也才能慢慢地对看书产生兴趣。

（5）“数”的学习要与具体的事物相联系。“数”对于3—6岁的孩子来说很抽象难懂，所以一定要有具体事物的配合：“一只小鸡、两只小鸡，一共有两只小鸡，用2来表示两只小鸡”；“两只小鸡，又来了一只小鸡，一共是三只小鸡，用3来表示”。千万不要追求数数能够数到100，会100以内的加减等听起来好像很了不起，如果孩子没有真正懂得数的含义，学得再多也没有用。

（6）多让孩子动手。让孩子玩泥、玩沙、玩水、玩积木、玩玩具、剪纸、拼图、画画，甚至是参与做饭、做菜、做家务，这些具体的刺激对孩子的大脑发展都有独到的好处，也非常符合孩子的天性。

重要参考

幼儿的学习

儿童有自主学习的强烈动机。心理学家怀特（White）给3岁左右的儿童一套茶杯玩耍。五个塑料杯是叠在一起的。没有人告诉孩子们要怎么玩，但是孩子们很快就开始用各种方法玩塑料杯：把它们排列成一排，想象它们是一列火车；假装用杯子喝水；把它们堆得高高的像一座塔。这些孩子和努力玩拼字游戏的成年人一样，人类似乎有自主学习、解决问题的内在需要。教师和家长重要的是为孩子们提供探究、成功、理解、利用的机会，激发他们自主学习、利用挑战的动机。

5. 什么是昨天、今天、明天？
——幼儿只能理解具体的时间概念

几个小故事

明天丢的橡皮

早晨，大班的晨晨刚入园就坐在座位上哭了起来，小朋友们都围过来安慰他。老师也很好奇，就问他：“晨晨，怎么了？”晨晨哭哭啼啼地说：“我最喜欢的 Hello Kitty 橡皮不见了。”老师安慰他说：“晨晨不要哭，我们一起来找一找好不好？你记得上次用那块橡皮是什么时候吗？”晨晨想了想，说：“老师，我明天还用那块橡皮呢，一定是明天丢的。”

睡一觉是一天

有一天，妈妈给乐乐买了一双新鞋子，乐乐一看就喜欢上了，缠着妈妈问什么时候可以穿。妈妈对她说：“下个星期天去公园时穿吧。”“什么时候是星期天呢？”乐乐问。“今天是星期天，再过一个星期就是下个星期天了。”“一个星期要过多久啊？”乐乐又问。“一个星期就是七天。”妈妈回答说。“睡一觉是一天，睡两觉是两天……”乐乐掰着手指头算着。妈妈看他可怜的样子，就松口说：“要不就明天穿吧。”“明天！”乐乐欢呼起来，“睡一觉就是明天，我现在就去睡觉。”……睡了一个午觉后，乐乐对妈妈说：“现在已经是明天了，我要穿新鞋子。”

明年和哥哥同岁

萌萌有一个比自己大 1 岁的哥哥，她特别羡慕哥哥可以上大班。有一次，萌萌走到大班的教室门口，看到大班的小朋友在上课，就回头对老师说："老师，我乖乖地多吃饭饭，多喝牛奶，明年就可以 6 岁了，和哥哥同岁，可以一起上大班了。"

为什么会这样

事实上，上面的三个小故事都表现出幼儿对时间概念的错误认知。由于时间的抽象性、不可逆性、相对性等特点对人的抽象思维能力和认知水平提出了很高的要求，给幼儿的认知带来了很大的困难。很多幼儿仅能依靠具体的生活经验来理解时间，对时间顺序和时间的持续性、相对性等都很难准确把握。

第一个故事中的晨晨小朋友，他知道"天"这个概念的存在，但不知道"昨天""今天""明天"的时间顺序或者正确用法，因此把"昨天"丢的橡皮说成是"明天"丢的。

第二个小故事中的乐乐不仅对"一个星期"这样的时间周期不了解，对"一天"的认识也是借助具体的生活经验，即"睡一觉就是一天"来认识，而且也不理解大人说的"睡一觉"是指"睡一个晚上"，因此才会闹出这样的笑话。

第三个故事中的萌萌，她所表现出的是对时序的相对固定性和时距差异的具体表现——年龄大小的错误认知。也就是说，萌萌不理解自己和哥哥的年龄差距是不可能改变的，自己长大 1 岁的同时，哥哥也会长大 1 岁，哥哥永远比自己大 1 岁。

心理学家怎么说

幼儿对时间的认知包含时间持续性（时距）、时间顺序性（时序）、年龄时间、时间媒介（钟表）等几个大的方面。国内外的很多研究者从不同的角度、采用不同的研究方法研究了儿童对时间的认知。这里我们仅以时距认知的实验为例：

皮亚杰测查幼儿时距感知的实验

为测查幼儿对时距的认知，皮亚杰设计了一系列精巧、缜密的实验。

第一个非常简单的实验，用来测查幼儿对时距的估计。在这个实验中，皮亚杰使用节拍器在桌子上迅速或缓慢地拍击，并要求儿童自己估计时间，迅速或缓慢地画 15 秒钟。实验结果显示，学前阶段的儿童常常认为迅速工作比缓慢工作耗费的时间较长。一位 4 岁的儿童坚持认为："当我迅速工作时，做得比较快……花费较多的时间。" 此时儿童受拍击次数的影响，当拍击次数较多时就认为花费的时间较多。

在另一个实验中，皮亚杰给被试两个容器（如图 9 所示），其中一个为倒置的梨形玻璃容器（Ⅰ），装有水龙头开关，下面为能注入水的筒形玻璃容器（Ⅱ）。皮亚杰事先测定好，把梨形容器中的水流入筒形容器中所用的时间分为五等分，分别在两个容器上相应的位置用 A、B、C、D、E、F 标注。由于上面的容器是梨形的，水流时，最初水平面降得很慢，而在狭窄处则降得很快，所以每个水平面在容器上的间距不同，而下面的筒形容器上的水平面之间的间距是相等的。

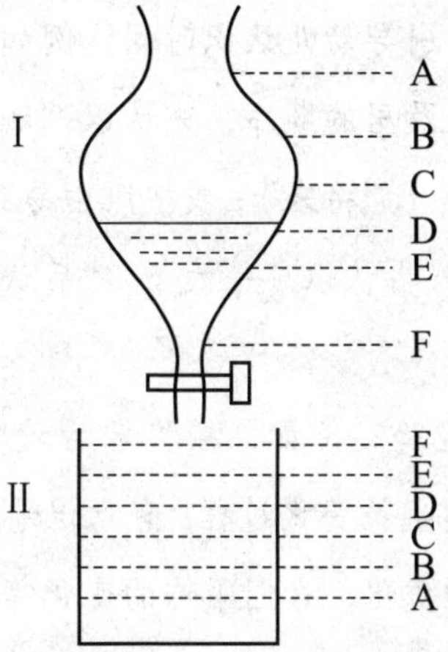

图 9　皮亚杰实验中的梨形玻璃容器和筒形玻璃容器

然后，皮亚杰问儿童：每个水平面改变的时间相同还是不相同？实验结果显示，年幼儿童认为间距较大的水平面变化费时更多。受到玻璃容器的形状不同的影响，他们还不能理解每个时间间距都是相等的这一客观事实。

由皮亚杰的实验结果我们可以看出，幼儿之所以不能正确判断时距，是因为他们受到了其他更为具体的直觉因素的干扰。如果减少这些因素的干扰，幼儿就能在一定条件下正确地判断时距，尽管幼儿此时的能力还十分有限。

给幼儿教师的建议

幼儿对时间的认知存在着很大的困难，教师只有掌握了幼儿时间认知的客观规律，依据幼儿的心理发展水平和特点进行教育，才能收到事半功倍的效果。具体建议如下。

（1）利用典型事件，把抽象的时间概念变成具体事件，帮助幼儿认识其中的时间“内容”和名称。例如，“早上”就是太阳升起来，小朋友要起床去上幼儿园的时间；“冬天”就是很冷很冷，大家都穿很多衣服，是下雪的时候；“昨天”就是晚上睡觉之前的那天；1月份就是小朋友过生日的那个月份……

（2）遵循一定的规律，引导幼儿认识时间。例如，可以结合具体的活动，按照由近及远、由表及里的顺序，先认识“现在”，再认识“刚才”“等会儿”，再认识“过去”“将来”；或按照由易到难、由部分到整体的顺序，先认识“一节课”，再认识“一天”，然后认识“周”“月”“年”等大的概念……

（3）丰富幼儿的时间经验。例如，在科学活动中，有计划地引导幼儿观察植物、昆虫、鱼的生长变化过程；有意识地让幼儿观察一天中太阳的变化、一年中植物的变化、人们服饰的变化等，丰富幼儿对时间概念的感性认识。

（4）帮助幼儿正确理解和使用时间词语。在教学或与幼儿的交流中，有意识地使用“今天”“昨晚”“等一会儿”“下个星期”等时间词语；适时地提问：“什么时候？”“最初发生了什么？”“然后又发生了什么？”帮助幼儿理清事物之间的时间关系。

（5）充分利用故事、童谣和游戏。选取包含时间概念的绘本故事、童谣或游戏，让幼儿在其感兴趣的活动中学会时间的先后关系或记忆方式。帮幼儿认识“一天”，可以给他们读读绘本《小娜龙的一天》（绘本内容介绍在后面）；让幼儿学习季节，可以一起来唱一首介绍季节的儿歌；让幼儿认识“昨天”“今天”“明天”的先后关系，可以设计一个包含这三个“人物”和先后顺序的表演游戏……还有什么比这些更适合幼儿的呢？

（6）将时距具体化、形象化。例如，在游戏条件下，让幼儿体验从教室走到操场用的时间长，还是走到幼儿园门口用的时间长；燃烧一根长的蜡烛用的时间长，还是燃烧一根短的蜡烛用的时间长；用匀速地打节拍来计算唱一首歌的时间等。

（7）结合手工认识时钟。对于大班的幼儿，可以设计手工游戏，通过“做时钟”的活动让幼儿认识时钟上的整点和半点，认识小时、分钟和秒等代表的时间。

（8）结合照片认识年龄。选取不同年龄的人的照片，训练幼儿判定其年龄大小，引导他们排除个子高矮、头发长短等外在因素的干扰；选取幼儿个人从出生至今的照片，让幼儿观察自己出生时的样子，1个月时的样子，1岁时的样子，2岁时的样子……让他们感受自己随年龄增长而产生的变化。

给家长的建议

很多父母反映，对孩子来说最难理解的就是关于时间的概念，而且父母不容易向孩子解释清楚，那么父母应该从哪几个方面入手呢？具体建议如下：

（1）培养时间概念。例如，爸爸妈妈在忙碌时，让孩子“等一会儿”，可以变成“你从 1 数到 100 我就来了”；早上送孩子上幼儿园的时候，跟他讲“教室里钟表上最短的针指到‘5’时，爸爸就来接你回家”；1 分钟就是“从 1 数到 60”……

（2）一起制定时间表，使日常作息有规律。参考家庭成员的共同意见，一起制定家庭作息时间表，包含起床、吃早饭、上幼儿园、放学、吃晚饭、阅读、洗澡、睡觉等具体事项，并严格执行，以培养孩子的时间意识。

（3）用具体事件代替时间。比如“9 点钟去超市”，告诉孩子“吃完早饭我们就去超市”；“昨天”就是“去奶奶家的那天”；“明年”就是“要上大班的那年”…… 用具体的、孩子可以看到或经历的事件来代替时间，更容易让孩子接受。

（4）有意识地对完成任务提出时间要求。早上穿衣服的时候，拿出手表，对孩子说：“看看谁可以在 3 分钟内穿好衣服”；吃饭前提醒孩子收拾玩具，告诉他：“我们还有 5 分钟就要吃饭了”……通过这样的训练，既能让孩子认识时间长短，又可以培养孩子守时、惜时的观念。

（5）在日常生活中引导孩子关注时间，渗透时间观念。早上入园的时候，和孩子一起看看一周的膳食表，说说周一到周五分别吃什么；大型节日之前，和孩子一起倒计时，“还有 8 天就到春节了”……

重要参考

幼儿的时间推断能力

幼儿有根据时间、速度、距离三种变量中的任意两种推断出第三种变量的能力。心理学家威尔肯宁根据信息整合理论，认为在现实生活中，人们会综合考虑时距、速度和距离三者的关系，以做比较。例如，一个来自农村的小女孩在横过没有红绿灯的马路的时候，就要根据来车的速度和马路的距离来估计自己是否有足够的时间越过马路；一个小男孩要赶在自己喜欢的动画片开始之前到附近的商店买巧克力，他就要根据离动画片开始的时距和从家到商店的距离决定自己步行的速度。由于这些生活经验的积累，幼儿在很早的时候就发展了根据时间、速度、距离三种变量中的任意两种推断出第三种变量的能力。

附：时间教育绘本《我的第一本数学童话：小娜龙的一天》简介

作者：【韩】金海琳

插图者：【韩】崔贞熙

译者：邓楠

出版社：东方出版社

出版时间：2012 年

内容简介：这本书是专为 3—6 岁的宝宝编写的一本数学童话故事书。小猫娜龙今天遇到了很多事情：早上，山羊爷爷出了交通事故；中午，小浣熊被积木埋了起来……小娜龙是如何表达时间的呢？让我们来看看它的“一天”吧。

6. 为什么幼儿画的蚂蚁比树还要大？
——幼儿的自我中心思维

几个小故事

小班的绘画课

今天，小班美术课的主题是自由画，老师让小朋友们自由地画自己想画的东西。他们画完之后，纷纷把自己的作品拿给老师看，还争先恐后地说自己画了什么，老师发现：丽丽画了一只觅食的蚂蚁，可是她把那只蚂蚁画得比旁边的小树还大；乐乐画的爸爸，腿又粗又长，头和胳膊却非常短小；小叶子画的小朋友，身体上有四个大大的圈圈，老师问了才知道：原来那些圈圈是衣服的纽扣……

奇怪的对话

下面是3岁的佳佳和叔叔的对话。

佳佳："叔叔，它爬上了你的汽车，还用爪子抓车。"

叔叔："什么？"

佳佳把叔叔带出去，指着汽车顶部的一个刮痕说："你看。"

叔叔："佳佳，这是谁干的？"

佳佳："不是我。"

叔叔笑着说："我知道不是你，可是这个刮痕是怎么来的呢？"

佳佳："它爬上了你的汽车，用爪子抓出来的。"

叔叔："谁？"

佳佳望了望四周，指着一只穿越街道的猫说："它在那儿。"

叔叔："哦，是猫啊！那你为什么一开始不告诉我呢？"

佳佳："我说了啊！"

接电话的安安

家里的电话响了，妈妈在做饭，就让 4 岁的安安帮忙接一下电话。安安拿起电话，原来是爸爸打过来的："喂，是安安吗？"安安点了点头，没说话。爸爸没有听到说话声，感觉应该是安安，就问："安安，妈妈在吗？"安安又无声地点了点头。爸爸又问："安安，让妈妈接一下电话好吗？"安安再一次无声地点了点头，然后去厨房叫妈妈听电话。

为什么会这样

事实上，上述几个小故事中的幼儿具有一个相同的思维特点，心理学上称之为：自我中心。"自我中心"并非我们通常所说的"自私自利"，而是幼儿心理学中的一个术语，即幼儿常常依赖于自己的想法而非事物的客观特点，仅从自己的角度去观察和认识外部世界，认为每个人看到的世界都和自己看到的一样。心理学家皮亚杰曾举过这样一个例子：两个男孩去给妈妈买生日礼物，7 岁的男孩选了一串珠宝工艺品，3 岁半的男孩则选择了一辆小汽车，小心地包装好送给妈妈。可以看出这个 3 岁半男孩的行为就是"自我中心"的，因为他没有考虑到妈妈的兴趣与自己的兴趣并不相同，当然这并不是自私。此外，幼儿的自我中心思维与泛灵论思维、前因果思维、具体形象思维、直觉思维等都是分不开的。

第一个故事中小班的幼儿总是按照自己所看到的形象来画画，例如，丽丽在观察觅食的蚂蚁时，她只关注蚂蚁，而忽视周围其他的东西，因此蚂蚁就是她眼中最重要、最大的形象；乐乐的爸爸工作忙，很少蹲下来陪乐乐玩，矮小的乐乐看到的更多的是爸爸的腿走来走去，所以乐乐的画中爸爸的腿占身体的比例特别大；而小叶子知道衣服是穿在身体上的，所以就直接在身体部位画了圈圈来代表纽扣，而且认为其他人也知道这是纽扣。

第二个故事中的对话让我们觉得很奇怪，佳佳和叔叔的沟通似乎存在问题，这是为什么呢？事实上佳佳看到了猫在汽车上抓出痕迹，她设想叔叔也和自己一样知道是猫抓的，所以一开始佳佳只说“它”爬上了汽车，还用爪子抓车，她以为叔叔知道自己在说猫。这也是由佳佳自我中心的思维方式导致的。

第三个小故事中安安的反应也是自我中心的，因为她在用点头回答爸爸的问题时，没有考虑到爸爸是看不到自己的。这是幼儿自我中心思维的一个典型表现。

心理学家怎么说

心理学家皮亚杰通过一系列实验发现了幼儿自我中心的思维特点，如著名的“三山实验”，不仅证实了幼儿具体形象性的思维特点，也说明了幼儿仅会根据自己看到的而非从玩偶娃娃的角度进行选择的特点，这表明幼儿还不会站在别人的立场上来观察现象、分析问题。此外，还有一些经典的实验也表现出幼儿自我中心的思维特点。

皮亚杰关于幼儿自我中心思维的实验

在皮亚杰的一个研究中，实验者将一个男木偶和一个女木偶悬挂在一条绳子上，男木偶在右侧、女木偶在左侧，并让幼儿清楚地看到；然后实验者一手拿着绳子的一头，走到一个屏幕的后面，让幼儿暂时看不到这两个玩偶，这时，实验者让儿童来预测：如果实验者向右拉绳子，哪一个木偶会首先出现。幼儿做出回答后，实验者又把木偶藏到屏幕后面，重复问相同的问题：“如果再向同一侧移动，哪一个木偶首先出来？”这个程序重复了几次，每一次幼儿的回答都非常正确：男木偶。

但实验后来发生的事情让人吃惊：幼儿最后做出了相反的、明显错误的预测！这时，研究者问幼儿为什么预测是女木偶先出来，一个最普遍的回答是：“每一次都让男木偶首先出来不公平，现在该轮到女木偶了。”

这个实验说明幼儿将自己对公平的认识注入了实验环境，表明了其自我中心的思维过程。

给幼儿教师的建议

自我中心是学前期幼儿思维和认知发展的必经阶段，幼儿教师在教学和生活中，要选择适合幼儿思维方式的教学内容和方法，具体建议如下。

（1）将自我中心的认知问题与道德问题区别开来。不能简单地将幼儿自我中心的行为指责为自私、不道德或性格缺陷，更不要随意斥责或批评幼儿。事实上，自私是以自己为中心而忽视他人的观点，而幼儿的自我中心是不了解别人会与自己观点不同的事实。因此，幼儿本身也感觉很无辜："明明我是对的，为什么大家还要批评我？"

（2）精心、巧妙地设计教学。例如，面对面教幼儿做操的时候，要按照幼儿的左右方位来做动作，需要幼儿活动左手，教师就要用右手做示范；将抽象的音乐意象再现为幼儿生活经验中的场景，让幼儿可以从自己的角度欣赏曲子；教学时多提供实物和图片，尽量提供足够数量的同类型玩具、图书，避免幼儿争抢影响教学过程等。

（3）做中学的科学活动。幼儿不能从科学的角度认识客观事物，总是相信自己的想法，这时候，可以通过提供丰富的材料和环境，让他们自己观察、自己动手操作，从而自己推翻自己的想法，从物我不分的状态中逐渐分离出来。

（4）重视角色游戏和移情训练的价值，帮助幼儿学习换位思考。好玩的角色游戏可以让幼儿在短时间内扮演多种角色，体验不同角色的内心世界；而移情训练可以让幼儿思考"如果是我，我该怎么办"，以了解他人的情感、需求和活动。

（5）集体游戏和团体讨论。集体游戏既可以给幼儿带来游戏的娱乐，又可以引导幼儿遵守规则，在同伴交往中认识到合作和分享的重要性，懂得如何与人相处。此外，集体游戏的时候，教师还可以让幼儿讨论怎么玩更好，让他们意识到别人的想法和自己不一样。

给家长的建议

对于父母来说，幼儿的自我中心既会带来快乐又容易让人生气。快乐来源于孩子的一些可笑的观点；生气是由于孩子对外界的一切思考都是围绕着他自己进行的，无法考虑到别人的感受和实际情况。父母需要接受孩子自我中心的思维方式，同时也要帮助孩子消除因自我中心而产生的行为问题，具体建议如下。

（1）接受孩子的自我中心思维，以尊重为主、引导为辅。事实上，成人不也经常以自我为中心考虑问题吗？有时候我们会抱怨一直不下雨，偏偏要出门的时候就下雨了；一直没有电话，偏偏准备休息时来了电话；偏偏有急事的时候路上堵车……因此，像看待自己的自我中心一样以平常心看待孩子吧，不需要次次都纠正，要知道，过了学前阶段他就没有这么多可爱的想法了。

（2）转移家庭成员注意的焦点，不要一味地围着孩子转。如果父母经常说“我不吃，全都给你吃”“都是给你买的”“宝宝想去哪里玩，我们就去哪里”，孩子会更加深信自己就是世界的中心，又怎能学会考虑别人的感受呢？用实际行动告诉他：妈妈工作时和他游戏时一样不想让人打扰，爸爸妈妈和他一样喜欢吃美味的食物，爸爸妈妈生病时和他生病时一样不舒服……

（3）通过随机的移情教育，让孩子感同身受。例如，当孩子总是不愿意把自己的玩具给玩伴玩时，妈妈可以问他：“如果你去别人家里玩，别人不让你碰他的玩具，你会开心吗？”当妈妈生病难受需要安静休息时，妈妈可以问他：“宝宝感冒的时候是什么感觉？是不是也想安静地睡觉呢？”通过这种比较，让幼儿体会别人的感受。

（4）把握要求孩子分享的“度”。很多父母认为，孩子学会分享就是克服了自我中心的行为问题，虽然分享、大方、谦让是传统观点中好孩子应该具备的特点，但过度要求年幼的孩子将喜爱的东西与他人分享，虽然能够促进孩子的社会化进程，却可能导致其需求得不到满足，埋下心理问题的隐患。分享、中庸、和谐固然有意义，难道维护自己的权益、捍卫自己的利益就不重要了吗？孩子也需要懂得什么时候需要分享、什么时候要保护自己。

（5）让孩子体验自我中心的自然后果。比如第三个小故事中安安的爸爸，就可以在和安安打电话的时候也不说话，让安安体会一下接电话听不到声音是怎样的感觉。

重要参考

幼儿的自我中心

情境性影响儿童的自我中心。心理学家博克（Borke，1975）设计了布局类似于“三山”实验的“农场景观”模型：在桌子上以“农场中有一座房子、一个小湖，湖中有只小船，还有牛和马在草地上”代替三座山；以美国儿童电视节目《芝麻街》中的主角格罗弗代替玩偶娃娃，格罗弗开着轿车绕农场一周，不时停下来欣赏农场的景色。然后，研究者让儿童通过转动桌子来回答：格罗弗看到了什么？实验结果发现，那些在“三山”实验中成绩比较差的 3 岁幼儿也能很好地完成“农场景观”的实验任务。这说明，当场景是儿童熟悉的、问题是儿童容易理解的时，儿童是能够考虑到别人的观点的。这一实验在一定程度上证明了儿童的自我中心倾向与情境的熟悉度、生活化程度有关。因此，教育教学中教师不应“小看”幼儿，可以通过情境性、趣味性、生活性的教学内容和材料帮助幼儿摆脱自我中心的束缚。

7. 天的上面是什么?

——幼儿只能理解简单的空间概念

几个小故事

"左右"与"旁边"

李老师是小（3）班新来的实习老师，早上小朋友们做早操的时候，李老师指挥小朋友们排队。涵涵上完洗手间慢吞吞地走过来，其他的小朋友已经排好队了。李老师对涵涵说："涵涵，你站到玲玲的右边去吧。"涵涵看了看玲玲，又一脸茫然地看着李老师，李老师以为她没听清楚，又微笑着说了一遍："站在玲玲的右边吧。"这时，班主任老师走过来看到了这一幕，就对涵涵说："涵涵，去站在玲玲的旁边吧。"涵涵听了蹦蹦跳跳地走到玲玲右边的空位站好了。

天的上面是什么?

一天，果果看完动画片后心事重重地坐在门口的石阶上，大眼睛忽闪忽闪地望着天空。妈妈以为果果不开心了，就走过来坐在果果身边，问她："果果在想什么?"果果把头靠在妈妈腿上，说："妈妈。你说天的上面是什么啊? 蓝多多(动画人物）说他是从太空来的，太空是什么啊? 是天空吗? 太阳公公是粘在天上了吗? 它怎么不会像蓝多多一样掉下来?"妈妈不知道怎么向果果解释，才能让她理解"天空"和"太空"的概念。

“垂直”的小树

今天美术课的题目是画“幼儿园里的小树”，老师把小朋友们带到幼儿园的花圃旁，让他们练习写生。花圃中间有几条交叉的小路，路旁种满了小树。小朋友们特别高兴，跑到这里看看，又跑到那里看看，然后煞有介事地在自己的画纸上画几笔。等他们把画好的“小树”交给老师时，老师笑了：小朋友们画的小树不是垂直于画纸、树根在下、树冠在上的，而是各自垂直于各个方向的小路，所以歪歪扭扭，朝哪个方向长的都有，甚至还有倒着长的！

为什么会这样

为什么上述小朋友会出现这些问题呢？事实上，由于幼儿期的思维是一种直觉思维，他们仅能依靠直觉感知与想象来解决问题，而不具备逻辑推理的能力，因此对于复杂的空间概念存在认知上的困难。换言之，幼儿只能凭借自己的感官经验来理解简单的、直观的空间概念。

第一个故事中的上小班的涵涵还不理解“左右”的概念，只知道“旁边”。心理学家皮亚杰等人的研究显示：5 岁儿童能区分自己的左右手、左右脚；7—8 岁能辨别对面的人的左右手、左右脚；到 10—11 岁才能完全掌握左右概念的相对性。

第二个故事中的果果，从动画片里学到了“太空”这个词，可是她的眼睛能看到的仅仅是天空，她理解不了，也想象不出太空的样子，所以她很疑惑“天空上面是什么”“太阳会不会掉下来”。这是由她的直觉思维决定的，她仅能理解自己的眼睛看得到的事物。

第三个故事中的小朋友们，由于受到直觉思维和感知能力的限制，只能知觉到一种空间垂直关系，即每棵树垂直于自己所在的小路，而不能知觉到整幅图画的水平—垂直关系。因此，他们在绘画时只是以各条小路为参照线，以局部的垂直关系来代替整个画面的水平—垂直关系，造成小树往哪个方向长的都有，甚至还有倒着长的！

心理学家怎么说

幼儿空间知觉的发展包含对物体的形状、大小、远近、方位等特性的知觉发展，以及空间的表征和推理能力的发展等。事实上，简单的空间概念在婴儿期就已经开始发展了，但由于空间问题的复杂性，幼儿对空间的认识需要一个循序渐进的过程。

吉布森和沃克的“视崖”实验

美国儿童心理学家吉布森（E. L. Gibson）和沃克（R. D. Walk）于20世纪60年代进行了一项旨在研究婴儿的空间深度知觉的实验——“视觉悬崖”实验，这一实验是发展心理学的经典实验之一。

“视崖”装置的设计如下：一个透明的玻璃板平台，平台离地面约1.2米高，中间用一块0.3米宽的中间板分隔成两个区域：浅区和深区。在浅区的玻璃板下直接贴上了棋盘格子图案，而在深区，该图案则贴在下方的地板上（如图10）。从浅区边缘向深区望去，会使人产生一种站在悬崖边的深度视觉效果，似乎一侧是“浅滩”，另一侧是“悬崖”。

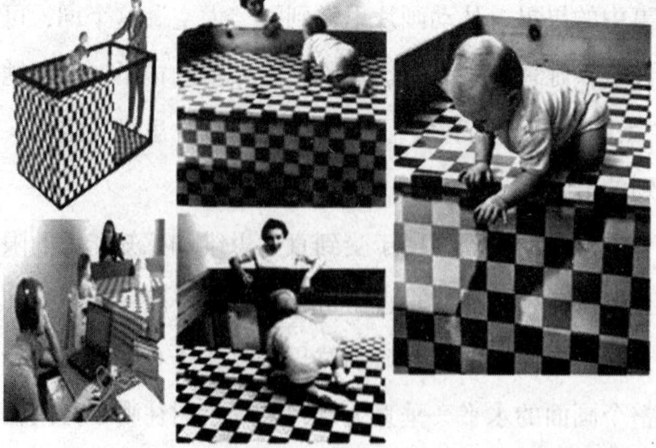

图10　视崖实验

此实验的被试由 36 名 6—14 个月大的婴儿和他们的母亲组成。做实验时，把每个婴儿轮流放在视崖的中间板上，先让母亲在“浅滩”一侧呼唤自己的孩子，然后再在“悬崖”一侧呼唤自己的孩子。

在实验过程中，36 名婴儿中有 27 名在母亲的呼唤下愿意从中间板爬到“浅滩”，来到母亲的身边，只有 3 名敢“冒险”的婴儿极为犹豫地爬过“悬崖”，其余几名婴儿不愿离开中间板。当母亲在“悬崖”一侧呼唤孩子时，大部分婴儿的反应是拒绝爬过悬崖，他们不愿朝母亲的方向爬，而是朝相反的方向爬，试图逃避或另寻通往母亲的途径，还有一些婴儿因为不能爬到母亲身边而哭起来。

这个实验结果表明，婴儿能感知到视觉悬崖的存在，很早就具有了空间深度知觉能力，并且此能力随年龄递增而不断发展。当然，从实验的设计中我们也可以看出，婴儿在认识空间时，会受直觉思维的影响，相信他们的视觉看到的，虽然平台的两边都是有玻璃板的，但婴儿还是会被实验者的巧妙设计所“欺骗”，不敢爬向看起来像“悬崖”的一侧。

给幼儿教师的建议

幼儿关于空间关系的知识一般属于前科学的知识，在这个阶段，幼儿各类型的空间概念正在形成中，还处于很不稳定的状态，需要教师的积极引导。幼儿教师可以从以下几个方面入手，培养幼儿的空间意识。

（1）丰富幼儿的感官刺激和知识经验，鼓励幼儿多活动、多操作。幼儿对空间的认识，主要来自自己的感官经验。经常在滑梯上爬上爬下的幼儿，自然会知道“上面”和“下面”；经常在教室里进进出出的幼儿，很快就理解了“里面”和“外面”；经常有机会外出散步、参观的幼儿，也会慢慢地在头脑中形成关于“路线”的意识……

（2）明确并反复使用空间方位词。做早操的时候，让幼儿观察一下自己前面的小朋友是谁，后面的小朋友是谁；做手工时，用明确的方位词指导幼儿操作：“鼻子贴在眼睛的下面”，“胳膊在身体的两边”；日常活动中，让幼儿“把杯子放在桌子的上面”……抓住一切可以使用方位词的机会，而不是直接指给幼儿或说“这儿”“那儿”之类的词。

（3）多提供结构游戏和拼图游戏的机会。幼儿在玩结构游戏时，必须选择不同形状、大小、长短、粗细、宽窄的积木或积塑，必须知道简单的上下、中间、旁边等方位，才能搭建好他理想的“房子”“大桥”和“汽车”；在玩拼图游戏时，必须看懂每张图片的空间关系，知道小动物的头在身体的什么位置，尾巴在什么位置等，才能正确地完成拼图任务。教师在指导幼儿玩结构游戏和拼图游戏时，也要使用明确的方位词，以提高他们的空间认识水平。

（4）直观的科学活动。一起学习一下关于太空的科普画册和视频，可以让幼儿从感性上认识神奇的太空环境，知道“天的上面是什么”；通过科学小实验，让幼儿在观察和操作中发现前和后、上和下等位置的相对性等。

（5）绘画。幼儿的绘画看似简单、笨拙，但实际上要画成一幅图画，必然要求幼儿具备相应的观察能力、空间想象能力和手眼协调一致的能力等，比如，幼儿需要理解飞机在天上飞、船在水上漂、水在地下流，才能把飞机、船和水画在相应的位置。因此，对于中班以上的幼儿，可以多开展一些写生画活动，以便发展幼儿的空间感知能力。

（6）借助材料来提示方位。例如跳集体舞时，让幼儿在同一侧的手腕上戴花环或在同一侧的鞋子上贴五角星，以取代左、右；或者需要幼儿做相应的动作时，可以说“举起你吃饭时拿筷子的那只手”等。

给家长的建议

家庭是幼儿最主要的生活环境之一，幼儿对于空间概念的认知也主要来源于在家庭环境中的直接感知，因此，父母应该做到以下几点，以培养幼儿的空间意识。

（1）允许孩子好动。年幼的孩子喜欢这里看看、那里摸摸，作为父母，要把这种“好动”作为引导孩子探索空间的好机会，而不是为了确保孩子的安全“因噎废食”，限制孩子的活动。孩子从一个房间爬到另一个房间，从一个游戏换到另一个游戏，在这样的过程中，父母无须给予过多指导，就可以让孩子获得关于大小、形状、方位、距离等空间特性的认识，何乐而不为呢？

（2）方位词与具体事物相结合。最常用的“拿筷子的是右手”“拿笔的是右手”等说法可以逐渐培养孩子的左右意识；此外，利用房间阳台的位置、太阳升起的地方等帮助孩子认识东、南、西、北方位等，都是非常实用又有效的方法。

（3）有意识地教孩子认路。在带孩子散步、上街或上幼儿园的路上，有意识地教孩子认路，让他记住沿途明显的建筑物或其他标志，或学会描述从一个地方到另一个较近地方的路径，对于孩子在头脑中表征各个地点的空间方位以及丰富孩子的空间知识经验都是很有帮助的。

（4）家庭游戏。“摸五官”游戏可以让孩子认识五官各自的位置和位置关系；捉迷藏可以让孩子探索更多的隐蔽空间；滚皮球可以让孩子目测并估计球与自己的距离；“开汽车”可以让孩子试着设计路线；“走迷宫”可以让孩子学习寻找路线……

（5）泥塑。给孩子提供可供塑形的橡皮泥、面团等，让他随意地揉捏、塑形，从而在动手中感知空间。

（6）适当做做家务。当孩子能参与做家务时，家长要多给他机会，让他去放置、收拾，比如，请他把拖鞋放在“鞋架上”，把玩具放在“箱子里”；再大一点时，可以请他把碗筷摆放在“桌上”，把汤匙放在“旁边”，吃完饭把碗盘“放在洗碗池里”等。

（7）下指令。请所有家庭成员都参与进来，爸爸妈妈等人站在孩子的四周，让孩子玩听指令的游戏，比如“看看谁在你的后面”“看看谁在你的旁边”“谁在你的前面”等，让孩子按指令说出人的称呼；然后变换位置让孩子继续玩。

（8）户外活动或旅游。父母要经常带孩子到户外、公园、广场等地方玩，有条件的家庭还可以带孩子到不同的地方旅游、参观，这些活动不仅可以开阔孩子的眼界，还有助于丰富孩子的空间意识。

重要参考

幼儿的直觉思维

幼儿靠直觉想象而不是靠逻辑推理来解决问题。皮亚杰曾举过一个例子来说明幼儿的直觉思维：把3个球，一只蓝的、一只红的和一只黄的，同时放进一个纸板做的竖着的管子里，使幼儿看不到它们。聪明的幼儿知道红球在上面，黄球在中间，蓝球在下面，接着把管子转动180°，他仍然知道哪个球在上面，再转动180°，他还知道哪个球在上面。但是，如果你一下子把管子转三圈或两圈半，孩子就糊涂了。皮亚杰发现，只要儿童能够继续想象管子里球的位置，他们就能够做出正确的回答，但是他们产生不了关于奇数圈旋转、偶数圈旋转或半圈旋转与球的位置之间关系的规则，他们是靠直觉想象而不是靠逻辑推理来解决问题。

8. 幼儿为什么爱看动画片?

——所有的东西都是活的

几个小故事

爱看动画片的超超

6 岁的超超特别喜欢看动画片：每次都有办法打败灰太狼的喜羊羊、随时都可以从口袋里变出千奇百怪东西的机器猫、海绵宝宝、金鱼妹妹、米老鼠、史努比、樱桃小丸子、麦兜……一个个生动活泼的卡通形象，都像有无穷的魔力，深深地吸引着超超，他甚至连妈妈做的美味晚餐都顾不上吃。更奇怪的是，他经常会对家里的小猫咪和邻居家的小狗说话，把小猫咪当成机器猫，让小猫咪变出自己喜欢的东西，可小猫咪总是无辜地看着他，“喵喵”地叫着。

收音机里的小人

德国的心理治疗医生阿明·克伦茨曾回忆自己童年时的趣事：4 岁时的小克伦茨对能够放出音乐的收音机相当着魔，因为他无法理解声音是如何进入收音机里的。最初他想收音机里一定住着一个完整的小人儿乐队，后来，喜欢思考的他又想到收音机那么小，无法住进那么多人，所以小人们应该是在打开收音机的那一刹那，通过电线冲到收音机里去的。好奇的小克伦茨下决心抓住这些小人，所以他想了很多办法：突然拔掉插座准备去逮从电线里跑出来的小人；对着收音机说“卧室里只有我一个人，你们不用害怕，快出来吧”；和收音机大声告别，大声开关房门装作出去；在收音机旁放美味的蛋卷和水引诱收音机里的小人……虽然收音机里的小人们终究没有出来见他，但在很长的一段时间里，克伦茨始终相信小人们是存在的。

风不吹，它睡了吗？

炎热的夏夜，妈妈带着姗姗在楼下散步。姗姗边走边抬头盯着天上的月亮看，过了一会儿，他开心地对妈妈说：“妈妈，快看，月亮公公喜欢我呢，我走一步它就跟着我走一步，它一定也在盯着我看。妈妈你说对不对？”回家的路上，妈妈随口说了一句：“这天真热啊，一丝风都没有。”姗姗立刻小声地对妈妈说：“嘘！妈妈，你小声点，风不吹了，它也去睡觉了，我们不要吵到它。”

为什么会这样

事实上，这几个故事里的幼儿具有一个共同的认知特点，那就是泛灵论。所谓泛灵论，是指幼儿会认为无生命的物体具有生命特性而且能够活动，也就是说，他们会把身边的所有事物都视为有生命的、有思想情感的、活的。

第一个故事中的超超对动画片的喜爱已经到了痴迷的程度。这一方面是由于动画片丰富的想象力、夸张的表现手法、可爱的人物形象符合超超的审美趣味，另一方面是由于动画形象把一切物品人格化，赋予这些形象以幼儿的动作、语言、思维和情感，这是非常符合幼儿的泛灵论思维的。在超超的大脑中，动画片里的小动物和家里养的小猫咪都是有思想、懂语言、有情感的，因此他才会跟小猫咪说话，让小猫咪给他变魔术。

第二个故事中 4 岁的小克伦茨也具有泛灵论的思想。家长和老师们会发现，对于收音机、电脑这类产品，很多幼儿都会表现出强烈的兴趣，但幼儿感兴趣的表现或许并不一样：有的幼儿会拆开收音机看一看，有的幼儿会不停地问家长、老师“为什么”，有的幼儿会像小克伦茨一样，相信收音机里、电脑里是有很多小人儿的。认为身边的一切事物都是有思想、有情感的，因此小克伦茨才会做出一系列如此可笑又可爱的行动。

第三个故事中的姗姗认为月亮在跟着她走、风不吹是因为睡着了，这正是泛灵论思维的典型表现。回忆我们自己的童年，是不是也有这样美好的回忆呢？我们幼年时也曾经认为太阳、月亮和云彩都在跟着我们走，花儿耷拉着脑袋是它不开心了，踩踏草坪小草会痛，树叶落下是树妈妈不要它了……这些可爱的想法曾经陪伴过我们的童年，这不正是童年的美好之处吗？

心理学家怎么说

泛灵论是著名心理学家皮亚杰在研究儿童的认知发展特点时提出的一种观点。他通过向幼儿提出诸如“太阳知道它自己发光吗”，“如果我摘掉这颗纽扣，它知道吗”，“如果我用针刺这张桌子，它感到疼吗”等问题，来研究儿童的泛灵论思维。

通过这样的研究，皮亚杰提出儿童的泛灵论思维大致经历了四个阶段：第一个阶段，幼儿基本上认为所有物体都是活的，例如，如果搬动石头，石头知道它被人搬动；第二个阶段，幼儿认为只有经常运动的物体才有意识，如自行车或风可能有感觉，而不动的石头却没有；第三个阶段，只有能自发地运动的物体才有意识，例如风和太阳有意识，自行车没有；第四个阶段，幼儿认为只有人和动物才有意识。

事实上，幼儿泛灵论的实质，在于幼儿“以自我为中心”的意识，他们认为一切事物都和他们一样，以与他们相同的方式存在，他们无法区分主观世界与客观世界。

给幼儿教师的建议

由于泛灵论是处于前运算思维阶段儿童的一大认知特点，具有泛灵论思维的儿童对“人”与“非人类”无法做出区分，因此幼儿教师在教育教学过程中可以充分利用幼儿的这一特点，采用幼儿容易理解和易于接受的教学方法和内容。具体建议如下。

（1）巧用拟人化的童真语言。比如认识早晨，老师可以说“太阳起床了”“太阳要去上幼儿园了”；认识秋天，老师可以说“大树妈妈把树叶推出她的怀抱”……这样的语言比“太阳东升西落”和“秋天来了，树叶落了”更具有吸引力。

（2）将物拟人化，进行爱心教育和习惯培养。幼儿踩踏桌子椅子，老师可以说“你踩在椅子身上，椅子会痛的哦”；幼儿不爱护图书，老师可以说“你把书本的衣服撕破了，它多伤心啊”；幼儿攀折树木，老师可以说“小树的胳膊好痛啊，你们可怜可怜它吧”……

（3）适当选择童话故事和动画片。想要幼儿同情、爱护弱者，就给他们讲一个《狼和小羊》的故事吧；想要幼儿机智勇敢，就让他们学一学喜羊羊吧；想培养幼儿的想象力，就给他们看一看《哆啦A梦》吧……这些故事的教育效果要远远好于教师的简单说教。

（4）鼓励幼儿与“物”对话和交往。在拍球时，要让皮球“听话”“不顽皮”；玩过家家时，要好好照顾洋娃娃“吃饭”“穿衣”“睡觉”；画画时，告诉自己的小手指和铅笔，要“认真”“爱干净”……与“物”的对话和交往，既可以让他们爱护身边的物品，又可以让他们做事情更加认真、谨慎。

（5）榜样作用很重要。老师是幼儿身边最重要的成人之一，老师的一言一行、一举一动都对幼儿有很大的影响，想要幼儿爱护小动物，老师就要温柔地对小动物“说话”；想要幼儿轻拿轻放物品，老师就不要“摔疼”物品，对物品关爱备至……

（6）不忽略科学教育。泛灵论只是幼儿在这一阶段特有的思维特点，幼儿需要“长大”。因此，在科学教育中，老师需要有意识地让幼儿认识生物与非生物，比如，带幼儿到大自然中去观察，感受大自然的生机；去动物园和植物园里参观，比较各种动物和各种植物的差别；在自然角里饲养小动物、种植植物，让幼儿有机会观察它们的成长过程……慢慢地，你会发现，幼儿逐渐变“聪明”了！

给家长的建议

在家庭教育中，父母也可以借助幼儿泛灵论的思维特点，处理与孩子交往中的各种问题。具体建议如下。

（1）尊重孩子与物交往的行为。父母切忌在孩子与玩具、物品对话时向孩子泼冷水：“搞得像真的一样！”“洋娃娃又不是真的，你神经兮兮地干吗啊？”“跟玩具说什么再见啊，它又听不懂。”类似的语言会对孩子的自尊心造成很大的伤害。

（2）通过孩子与物交往的内容了解孩子的内心世界。“小熊小熊，今天老师奖励我一颗星星，你听话，我也送你一颗星星好不好？”“小兔子，爸爸妈妈吵架了，我好害怕。”“臭皮球！你不听话！你不听话我就打你的屁股！”孩子游戏时的语言可以反映出他的喜怒哀乐，爸爸妈妈通过倾听这些语言，可以及时了解孩子的心理状态，调整自己的行为，为孩子树立好的榜样。

（3）将物拟人化，纠正孩子的坏习惯。孩子不愿意喝水，妈妈可以扮演孩子的小肚脐，用另一种声音跟孩子说：“宝宝，我是你的小肚脐，我好渴啊，请你帮我喝点水吧。”孩子不爱惜玩具，妈妈可以扮作玩具，对宝宝说：“你摔得我好痛啊，请对我温柔点好吗？”孩子吃饭挑食，妈妈可以扮演孩子最喜欢的一个玩偶，说：“宝宝可以替我吃点胡萝卜吗？我好爱吃胡萝卜啊！”

（4）模仿卡通声音与孩子交流。爸爸妈妈在扮演物品跟孩子进行交流时，一定要模仿卡通的声音或者换种腔调跟孩子说话，不然他们会觉得不真实。

（5）借用孩子喜欢的动画形象。有的孩子会对某个卡通形象情有独钟，爸爸妈妈可以借用这个卡通形象来纠正孩子的不良行为和强化孩子的良好行为。孩子不喜欢洗手，妈妈可以说："喜羊羊不喜欢不爱干净的小朋友。"孩子睡觉前哭闹，妈妈可以说："喜羊羊每天都会安静地去睡觉。"孩子帮助了其他小朋友，妈妈可以说："喜羊羊最喜欢互相帮助的小朋友。"

（6）不用推卸责任式的安慰。生活中，我们经常会看到一些家长用这样的语言安慰孩子："宝宝别哭，都怪那个坏椅子，妈妈替你打它。""都怪这个皮球，不听宝宝的话，妈妈替你教育它。"可能刚开始孩子会因此而破涕为笑，但时间久了，孩子会养成一种遇事推卸责任的心理，不利于孩子成长。

（7）巧用泛灵论，应对孩子的"十万个为什么"。每个孩子的成长都要经过一个对任何问题都"打破砂锅问到底"的阶段，孩子的很多问题会问得爸爸妈妈哑口无言。这时，聪明的家长也可以用泛灵论思维来回答孩子的问题，以后再慢慢让孩子从科学的角度去探索答案。比如，可以把花草树木比喻成要休息的人，来回答孩子为什么树木冬天会落叶的问题。

重要参考

注重孩子的智力"健康"

儿童的认识和学习是自然发生的。著名儿童心理学家皮亚杰在美国演讲时，有人问他："我能做些什么来让我的孩子迅速达到一个较高的认知阶段？"皮亚杰认为，儿童的学习应该是自然发生的，在还没有达到必要的成熟之前，不应该逼迫儿童过早地、过多地获得成就。教育者关注孩子的健康，不仅要关注孩子的身体健康和心理健康，还要关注孩子的智力"健康"。

9.“那顶漂亮的帽子是我的”
——想象和现实分不清的幼儿

几个小故事

“那顶漂亮的帽子是我的”

文文在童装店的橱窗里看到了一顶漂亮的帽子，她非常喜欢，可是妈妈说没有带钱不能买。乖巧的文文依依不舍地看着那顶帽子，一步三回头地跟着妈妈回家了，可是她每天都想着那顶帽子。有一天，文文看到动画片里的小女孩戴着一顶同样的帽子，就兴奋地告诉其他小朋友：“快看，快看，那顶漂亮的帽子是我的！”

魔法盒

中班的瑶瑶非常喜欢画画，有一天，她画了一个半圆形，自言自语道：“这是月亮，昨天晚上的月亮就是这样的。”可是瑶瑶的话并没有引起其他小朋友的注意，于是她又在半圆下面画了一个方形，说：“快看啊，我画了一个魔法盒，这个魔法盒真漂亮。”说着她又画了几朵花上去，对刚凑过来看的小朋友说：“我家里有一个这样的魔法盒，是我妈妈送给我的，它可以变魔法，有一次它变成了一个小妹妹，小妹妹还和我一起做游戏呢，下次我把我的魔法盒带到幼儿园来给你们看吧。”

阿里爸爸

“阿里爸爸，阿里爸爸是个快乐的青年。”小班的老师让菲菲唱歌的时候，菲菲总是这样唱。

有一天，老师看到菲菲坐在屋子的角落里，边唱着“阿里爸爸”，边画了一只很大很大的手。老师问她：“菲菲，你画的什么呀？”菲菲说：“这是我爸爸的大手，可有劲儿了，一下就把大灰狼打死了。”“这又是什么呀？”“这是我爸爸的腿，你看多粗呀，上边还有毛毛呢！”说着她就画了很多毛毛。“你爸爸喜欢你吗？”“喜欢。”她说着放下画笔，把画举起来，努着小嘴一下一下地亲起来，还发出响亮的啧啧声。

下午，小朋友们陆续被接走了。菲菲还坐在那里，边哼唱着“阿里爸爸”，边画着爸爸的头和四肢，还不时地亲一下。她天天唱着“阿里爸爸”，可是老师从来没有见过爸爸来接她，只是看到妈妈听到菲菲唱这首歌时眼里涌起的泪水。

为什么会这样

事实上，上面的几个小故事都体现了幼儿想象的一个突出特点：想象与现实相混淆，或者想象脱离现实。具体表现在：幼儿夸大事物的某个部分或某种特征；或者混淆假想与真实，把渴望得到的东西说成已经得到，把希望发生的事情当成已经发生来描述；在参加游戏或欣赏文艺作品时，往往身临其境，与角色产生同样的情绪反应。

第一个故事里的文文非常喜欢那顶帽子，却没有机会得到那顶帽子，于是在她的想象中，动画片里小女孩的帽子变成了自己的。

第二个故事中的瑶瑶，还处于想象脱离现实和无意想象的阶段。她根据自己所画的内容想象月亮和魔法盒，还编出了自己拥有魔法盒的故事。这是由特定的刺激——绘画内容所引起的不由自主的想象，是一种无意想象。虽然，在成人看来瑶瑶的想象不合逻辑、脱离现实，但这个时期的幼儿会从这种零乱的、无逻辑的想象中获得满足感，他们的想象往往不追求达到一定的目的，只满足于想象的过程。

第三个小故事让人觉得心酸。妈妈的泪水告诉老师，菲菲应该是跟着妈妈生活的单亲孩子，她幼小的心灵极度渴望爸爸的陪伴和爱，这种强烈的愿望得不到满足，只能化为纯真的歌声和绘画，在菲菲的想象里，爸爸的爱变成了“有劲的大手”“粗壮的腿”……这是菲菲想象力丰富的表现，也是菲菲渴望父爱的表现。

心理学家怎么说

心理学家认为儿童1—2岁时开始出现想象的萌芽，幼儿期是儿童想象最发达的时期。儿童最初的想象，可以说是对现实记忆的简单迁移，只是以一物代替另一物，依靠事物的相似性进行想象。

心理学家皮亚杰曾列举过两个关于幼儿想象的经典案例。

案例1：一个小女孩曾经看见一所村庄旧教堂的塔尖上悬挂着很多钟，并好奇地向父亲询问过关于这些钟的问题。有一天，小女孩跑到父亲的书桌旁，嘴里发出震耳欲聋的声音，并说：“不要跟我说话……我是一所教堂。”

案例2：一个小女孩在厨房看见一只被拔了毛的死鸭子，当天晚上，她一言不发地躺在沙发上。别人以为她不舒服，问她怎么了她也不回答。过了一会儿，她大声回答说：“我就是那只死了的鸭子。”

在皮亚杰的两个案例中幼儿的想象都是来自现实记忆中的情境，是对记忆内容的再现，这是幼儿最初的想象形式。由于幼儿的认识水平不高，记忆有时不够准确，常将想象与记忆相混淆，甚至渴望的事情经反复想象在头脑中留下了深刻的印象，以至于变成似乎是记忆中的事情了。有时候，幼儿会由于受到情绪或认知的影响，沉溺于脱离现实的幻想，并迷恋于想象的过程。这些都会导致幼儿将想象与现实相混淆。

随着幼儿的成长，其想象力也会逐渐发展。一般来说，2—3岁是幼儿想象发展的最初阶段，这一时期幼儿的想象过程完全没有目的，与记忆的界限不明显，想象内容简单贫乏，常依靠感知动作和成人的语言提示进行想象；3—4岁时主要是自由联想性质的无意想象，想象活动没有目的、没有前后一致的主题，内容零碎贫乏，数量少而单调；4—5岁时幼儿的无意想象中出现了有意成分，想象仍以无意性为主，出现目的性、计划性简单的有意成分，想象内容较以前丰富，但仍然零碎；5—6岁时幼儿出现有意的创造想象，这些想象主题相当明确，内容更加丰富、有情节，新颖程度提高，开始逐渐符合客观逻辑。

总之，学前阶段是幼儿产生想象并迅速发展的阶段。在每一年龄段想象都会不断发展，但没有明确的年龄界限；同一儿童身上会有不同发展水平的想象的交叉现象，不同儿童之间更有明显的个体差异。

给幼儿教师的建议

想象力是幼儿智力的构成要素之一，是创造性思维发展的先驱，教师要充分认识到幼儿想象的重要作用，尊重并培养幼儿的想象力，具体建议如下。

（1）认识幼儿想象发展的特点，不限制幼儿的想象。当幼儿的想象脱离现实、不合逻辑时，不要为了纠正错误而对其想象加以否定，要透过幼儿的想象看到他们的情绪或愿望，可能他仅仅是为了吸引你的注意力，也可能他太渴求某样东西……

（2）游戏是幼儿发挥想象力的最好途径。开展角色扮演游戏，让幼儿在扮演中塑造角色；开展象征游戏，让幼儿将玩具、物品随意想象成任何有灵性的东西；利用积木、美工材料、废旧物品等开展造型游戏，让幼儿随意构建想象的小动物、衣服、建筑物等。

（3）提供丰富的儿童文学作品。儿歌的语言浅显易懂，想象形象趣味盎然；童话的基础就是纯真的想象和幻想，它满足了儿童甚至成人的童年梦想；各种幼儿故事充满浓郁的生活情趣，是幼儿想象的源泉之一……

（4）利用美术课的好机会。绘画时，尽量多让幼儿按照自己的想象自由地绘画。画了一个圆圈，有的幼儿会把它想象成太阳，有的幼儿会把它想象成气球，还有的幼儿会把它想象成苹果……此外，泥塑、剪纸等各种手工活动也是幼儿发挥想象力的好机会。

（5）音乐和舞蹈不仅可以用来听和学。放一段音乐，让幼儿安静地听，天马行空地想象，或者自由地舞蹈。在这段音乐中，他们可以是英勇的战士；在另一段音乐中，他们可以是可爱的小猫咪……这种活动使幼儿的想象不仅停留在语言上，还可以用肢体动作表现出来。

（6）创设问题情境，开展虚拟设想的活动训练，引导幼儿进行想象。在课堂上，教师可以根据教学内容创设新的问题情境，比如："假如你有一朵七色花，你想要满足什么愿望？""假如植物长了腿，也可以走路，会怎么样？""假如你是一个巨人，你会做什么？"……让幼儿自己想象并讲给其他小朋友听。

（7）给幼儿自由想象的空间，不要定格幼儿的思维。幼儿想象的基础是思想的自由，在日常教学中，如果教师总是直接告诉孩子天是蓝色的，不能画成灰色的；太阳是圆的，不能画成四方形的；房子是建在地上的，不能建在白云上……那么幼儿还有多少机会可以自由想象呢？请给幼儿自由的空间，包括思想上和行为上的。

给家长的建议

家庭生活内容是幼儿想象中的重要成分，家庭环境是否宽松和谐是影响幼儿想象力的重要因素，父母可以从以下方面入手，发展孩子的想象力。

（1）尊重孩子的"异想天开"，不嘲笑、不讽刺、不否定。在孩子幻想自己是妈妈，给玩具娃娃喂饭、换尿布的时候，不要嘲笑他的幼稚；在孩子将"一堆石子加上一堆石子等于几堆"答成"还是一堆"的时候，不急于讽刺"连一加一都不会算"，请听听他自己的解释；在孩子将渴望得到的东西说成已经得到，把希望发生的事情当成已经发生的事情时，请不要责备孩子说谎……

（2）多接触新事物。父母要尽力腾出时间带孩子接触大自然，到附近的公园、动物园或郊区，看看花草树木和小动物，即使只是在自家的阳台上种几盆花、养几条鱼，也是不错的选择；同时，让孩子接触汽车、电子产品、文学等多方面的事物，都可以不同程度地拓展孩子的视野，丰富孩子想象的内容。

（3）抓住日常生活中的教育契机。抬头看到天空中的云彩，让孩子说说白云像什么；散步时看到路面上雨后的积水，让孩子想象一下小雨点是怎么跟云妈妈告别的；拿起家里废弃的旧电话，和孩子玩“打电话”的游戏；或者让孩子猜脑筋急转弯……

（4）充分利用讲故事的机会。父母在给孩子讲故事或读故事时，要声情并茂，可以配合声音的模仿和动作表演，描绘出故事中的几个精彩画面，把孩子带入想象的状态；讲故事讲到一半或快结尾时，根据孩子的想象状态适时停止，让孩子根据想象大胆地续编故事，甚至把故事画下来、表演出来或者发表不同的看法，这些都是发挥孩子想象力的好方法。

（5）玩新玩具不如创造新玩法。给孩子一盆水，他会幻想自己是一条小鱼、一条海船，边用手在水里划边讲故事；面对一堆积木，他会边把积木拼成各种形状边给自己讲故事；给女孩一个洋娃娃和几块碎布，她就会把洋娃娃打扮成自己的“公主”；给男孩一块旧表，他会把表拆拆装装当成宝贝……为孩子提供操作性、游戏性强的材料让孩子创新玩法，比一味地提供新玩具更有意义。

重要参考

幼儿的想象

想象力比知识更重要。爱因斯坦曾说过这样一段话：“想象力比知识更重要，因为知识是有限的，而想象力概括着世界上的一切，推动着进步，而且是知识进化的源泉。”在现行的教育中，成人倾向于以标准答案作为判定孩子正误的标准，一字不落地背课文的解释、一成不变的实验步骤、千篇一律的作文模板……扼杀了孩子的想象力。教师和父母在向孩子灌输书本知识的时候，更应该给孩子一块想象的天空，保护其想象力和创新能力。

10. 越会说谎的幼儿越聪明

——假装是需要智慧的

几个小故事

“都是童童干的！”

这段时间，妈妈发现子竣的同学“童童”太调皮了。有一天，妈妈看到子竣的新橡皮断成了两块，上面还有牙齿印，就问子竣是怎么回事。子竣想了想，一本正经地说：“都是童童干的，童童说我的橡皮有香香的味道，他要尝尝橡皮好不好吃。”妈妈疑惑地问：“童童是谁啊？”子竣说：“我们班新来的同学呗！”

还有一次，子竣出去玩，回来后裤子竟然破成了一条一条的！妈妈非常生气，就质问子竣干什么去了，子竣说：“篱笆里面有人家种的黄瓜，童童非要让我和他一起进去摘。”后来，“童童”这个名字就经常出现在子竣的嘴里，子竣总是兴奋地告诉妈妈：“童童”揪女孩子的辫子了；“童童”在老师背后扮鬼脸了，惹得大家哄笑；“童童”把画画的纸折成飞机了……

妈妈跟老师聊天的时候问到这个调皮的“童童”，结果老师很疑惑地对妈妈说：“童童？我们班没有叫童童的小朋友，您说的这些事都是子竣自己干的啊！”

“多多没吃巧克力”

3 岁的多多最爱吃巧克力，可是妈妈不让他多吃。今天妈妈不在家，多多蹑手蹑脚地翻出了巧克力，开心地吃起来。

“多多！多多！”多多被喊声吓了一跳，抬头一看，原来是家里的鹦鹉在叫他。多多很着急，心想：如果鹦鹉向妈妈告状怎么办呢？有了！

多多教给鹦鹉说：“多多没吃巧克力！”鹦鹉每说一句，多多就掰下一点巧克力喂鹦鹉，不一会儿，鹦鹉就把这句话学会了。

妈妈回家的时候，一进门，就听到鹦鹉大声叫着：“多多没吃巧克力！多多没吃巧克力！”它不停地叫着，还等着多多喂它巧克力呢！多多一听，可高兴了，小鹦鹉真好，没有告状，还帮自己说好话呢！

可是妈妈却把多多叫到身边，温柔地对多多说：“好孩子，偷偷吃巧克力是不对的哦，还有啊，教鹦鹉说谎也是不对的。”多多一听，急了：妈妈怎么都知道了呢？

捉迷藏

你是不是也有过这样的经历？小时候和邻居家的弟弟妹妹们玩捉迷藏的游戏时，你会这样捉弄他们：等他们藏好之后，就故意大声问一句：“藏好了吗？”这时候，两三岁的弟弟就会大声地回答：“藏好了！”你就可以循着声音把他找出来，有时候你还会发现他只是用窗帘把自己的脸挡住了，或者直接用被子把自己包了起来。而大一些的妹妹就不上当了，她躲在一个地方，生怕发出一点声音被你发现了。

为什么会这样

上述的几个小故事，事实上都反映了幼儿心理理论的发展。“心理理论”并非一般科学意义上的理论，而是指幼儿能够意识到别人的观点与自己的观点有可能不一样，在此基础上对自己和他人的心理状态做出的理解和推测。举个简单的例子，具有心理理论的幼儿能够根据别人的表情、动作，推测别人开心还是不开心。幼儿的欺骗和假装行为都反映出其心理理论的水平，因为幼儿成功欺骗别人的基础是了解别人内心的想法。可以说，在学前阶段，越会说谎和假装的幼儿越聪明，因为假装也是需要智慧的。

第一个故事中的子竣，不仅具有高超的想象力，给自己幻想出一个调皮的玩伴来，还具有非常高的心理理论水平。第一次，怕妈妈批评他浪费橡皮，他就编出了“童童”这个玩伴；第二次，担心妈妈批评他弄破衣服，他就把责任推到“童童”身上……当子竣发现说谎话这一招在妈妈这里屡试不爽，甚至还可以得到妈妈更多的关注后，就一次次地把自己干的“坏事”都说成是“童童”干的。可以看出，子竣能够根据妈妈的心理状态，推测妈妈的想法和行为。这说明子竣很聪明。

第二个小故事中多多偷吃巧克力后怕被妈妈发现的可笑行为，让人对幼儿的单纯、天真忍俊不禁。虽然在成人看来多多的欲盖弥彰十分幼稚，但可以看出，多多想通过鹦鹉帮自己骗过妈妈，体现出他试图从自己的角度来推测妈妈的想法，是有几分小聪明的。

第三个故事中两三岁的弟弟还不能猜测别人的想法和意图，在捉迷藏时以为自己藏起来看不到别人，别人就看不到他了，也不会想到发出声音是会被别人发现的，这时的幼儿多么天真！而年龄稍微大一些的妹妹就可以分析、理解别人的心理了，她知道想方设法地隐蔽自己，从而不被找到。

心理学家怎么说

“他认为……”“因为……，所以她很伤心……”当幼儿能够运用这样的表述，就表明他们能够从别人的角度看问题，开始形成心理理论了。心理学家一般是通过考察幼儿对他人错误信念的认知来研究幼儿的心理理论的。所谓信念，简单地讲，就是人们关于世界的心理状态或态度。下面的实验可以帮助我们理解这个概念：

威尔曼等人的错误信念任务实验

美国心理学家威尔曼和普纳（Wellman & Perner）设计了一系列实验任务，考察幼儿能否不受自己对某一物体位置的错误信念的影响，从而正确地预测他人的行为。

在意外地点实验中，让幼儿观察用玩偶演示的故事：一个叫麦克的男孩将巧克力放在厨房的一个橱子里（位置A），然后他到外面去玩了；在麦克不在的时候，妈妈把巧克力从橱子里（位置A）拿出来做蛋糕，然后把剩下的巧克力放在另一个橱子里（位置B）。麦克回来后，想吃巧克力。

故事讲完了，实验者问幼儿：麦克会到哪里去找巧克力呢？

在意外内容实验中，实验者首先向儿童出示一个常见的糖果盒，并问盒子里装着什么。在儿童回答为“糖果”后，实验者打开糖果盒，让儿童看到里面装的是铅笔；然后将铅笔放回盒子，并问幼儿：其他小朋友在打开糖果盒之前，会认为糖果盒里装的是什么？

在这类实验中，实验者根据儿童的回答来判断其能否理解错误信念。如果儿童能正确回答上述问题（麦克会到位置A找巧克力；其他小朋友在打开糖果盒之前，会认为糖果盒里装的是糖果），说明儿童有能力理解他人的错误信念，即能够从他人的角度看问题，具有心理理论；如果儿童不能正确回答上述问题，则说明儿童还不能理解错误信念。

实验发现：3岁幼儿在进行错误信念推理方面的能力是有限的，甚至可能无法认识到最明显的线索；相反，5岁幼儿就能够很好地理解问题，不会受到其他因素的影响。

给幼儿教师的建议

对幼儿心理理论的认识，要求教师重新审视幼儿的心理能力，从而培养幼儿更好地理解他人的观点。具体建议如下。

（1）进行体验教育。体验自己的心理是幼儿认识别人心理的基础。引导幼儿体验什么时候会有开心、愉快、烦躁、生气、失望、伤心等情绪，什么时候可以说“想要”“认为”“愿意”“知道”等词汇，并告诉他们为什么会有这样的感受。

（2）开展移情训练。当幼儿之间发生矛盾时，让他们试着从对方的角度想一想；在故事教学中，进行角色扮演，体验故事中人物的情绪、感受和需求；开展游戏时，也可以让幼儿和老师、同伴进行角色互换，从别人的角度想问题……移情训练的短期效果或许并不明显，但对幼儿的心理成长有着潜移默化的作用。

（3）开展混龄教育，鼓励同伴交往。混龄教育是将不同年龄段的幼儿安排在一起进行教育和活动的形式，在混龄班中，哥哥姐姐们会自觉地从弟弟妹妹的角度出发调整自己的表达方式和行为，弟弟妹妹们也会从语言和行为上模仿和学习哥哥姐姐，这样的同伴交往方式可以让幼儿学会体验自己和他人的心理感受。

（4）鼓励社会性的假装游戏和角色游戏。不论是同伴间发起的角色扮演游戏，还是使用物品自行开展的象征游戏，或是在教师的引导下，按照故事、童话等内容开展的表演游戏，都可以让幼儿体验角色的思想和感情，促进他们心理理论的发展。

（5）故事教学和讨论。针对幼儿读物中涉及人物想法、情感、欺骗性行为或意图的内容，与幼儿一起讨论“小女孩为什么会哭呢？”“你认为他是怎么想的？”“故事里的妈妈知道小朋友欺骗了她吗？”等类似的问题，帮助幼儿认识自己和他人的信念，培养他们对他人心理的推测能力。

（6）生活中的谈话活动。节假日回到学校后，让幼儿谈谈去了哪里游玩，遇到了什么好玩的事情，有什么样的感受；幼儿园里发生了特别的事情，教师和幼儿一起讨论一下自己的感受，这样的谈话都可以让幼儿认识到：原来，别人和我想的不一样。

给家长的建议

父母与孩子之间情感的交流对于促进幼儿心理理论的发展具有极其重要的作用，具体建议如下。

（1）亲子交谈。父母多花一些时间陪伴孩子，经常和孩子“推心置腹”地交谈，“今天在幼儿园里发生了什么事，你是怎么想的？”“妈妈看你不开心，告诉妈妈发生了什么事，好不好？”……既可以丰富孩子对别人心理状态的理解，也有利于建立相互信任的亲子关系。

（2）假装游戏和博弈游戏。妈妈和孩子互换角色，玩“妈妈做宝宝，宝宝做妈妈”的游戏；利用家里的生活物品，一起玩“骑大马”的假装游戏；年龄大一些的孩子和爸爸妈妈一起玩围棋、象棋、五子棋等博弈类的游戏，都可以帮助孩子在游戏中体验、推测别人的心理，促进心理理论的发展。

（3）捉迷藏。父母可以和孩子一起玩捉迷藏的游戏，妈妈引导孩子：“我觉得可以到阳台上去找爸爸。那你想去哪里找呢？你看爸爸那么高，他不可能藏在你平时喜欢藏的小柜子里。”“因为爸爸喜欢在阳台上看书，所以我觉得他可能躲到阳台上去了。”通过“觉得”“想”这类字眼的反复练习，增强儿童根据对方的愿望和相关线索来推测他人行为的能力。

（4）应对幼儿的撒谎，要对症下药，以身作则。虽然撒谎的本领体现出幼儿的心理理论，但我们并不鼓励幼儿说谎。了解孩子撒谎的原因是害怕责骂、想表现自己、想吸引家长的注意力，还是仅仅因为分不清想象与现实……同时，不要以“下次妈妈就给你买”“吃完饭妈妈就带你去动物园”等漫不经心的假话来敷衍孩子，既然打针是痛的，就不要哄骗他“打针不痛”，告诉孩子“是可以忍受的痛”，会让孩子更信任你。

（5）鼓励孩子的社会交往。让孩子多一些与其他小朋友或亲友接触的机会，可以丰富孩子的交往经验，在潜移默化中提升孩子的心理理论发展水平。

重要参考

幼儿的心理理论

爱说谎的幼儿创造力强。根据发展心理学的统计，幼儿一般从 3 岁开始学会说谎，到了小学二、三年级时达到说谎最盛期。因此，说谎是每个幼儿都会经历的过程。能够把假的说得跟真的一样活灵活现的幼儿，其幻想能力和创造力也是非常强的，因为幼儿必须具备将自己未曾体验的事，说得像确有其事的能力。当孩子出现撒谎行为时，父母和老师千万不要轻易就给孩子贴上“坏孩子”的标签，并采取严厉的惩罚措施，而是要用正确的方式引导孩子改正，保护孩子的自尊和创造力。

11. 可能事件和不可能事件

——幼儿对数的初步概念

几个小故事

果果数数

一天，果果的妈妈高兴地对老师说:“果果已经能够数100个数了。”老师一听:真不简单，一个3岁的孩子能认识100！真的是这样吗？妈妈把果果叫到老师面前，催促果果“快数”。果然，果果能一口气从1数到100，妈妈的脸上露出骄傲的神情。老师笑着从糖果盒里一把抓出十几块糖果，对果果说:“数数老师手里有多少块糖。”只见果果东点一个，西点一个，胡乱数着，最后说:“10块。”果果的妈妈呆住了，这是怎么回事呢？

数楼梯

今天，大成在幼儿园学会了从1数到10。回家的时候，他向妹妹显摆:“我已经会数数了！你看吧，我现在要把楼梯数一数。”

他们顺着楼梯走上去，大成大声地数着:“1、2、3、4、5……”

“哥哥，你怎么不走了啊？”妹妹问他。

大成说:“等一等，我忘了下一个是几了，让我想一想。哎，我们还是从头数起吧。”说着，大成下了楼梯，重新往上走:“1、2、3、4、5……”他又站住了。

“又忘记了吗？”妹妹问。大成挠了挠头:“怎么搞的？刚刚想起来，一下子又忘了！我们再试试。”就这样，他们从1到5来来回回数了好几遍，还是想不起来下面是几。

妹妹的脚都走痛了，就先跑回家问妈妈："妈妈，哥哥在数楼梯，1、2、3、4、5，后面是几？"妈妈说："是6。"妹妹又咚咚咚地跑下楼，大成还在那里满头大汗地数着："1、2、3、4、5……"

"6！6！6！"妹妹在旁边提醒他。

"6！"大成高兴地继续往上走："7、8、9、10。"大成和妹妹开心地回家了。

5个和第5个

小宝已经会数5个数了，妈妈把一堆糖果摆在桌上，让小宝数数，小宝伸着小手指一个个地数："1、2、3、4、5。"数对了，妈妈高兴地亲了小宝一下。糖果里有一颗是爸爸喜欢的口味，妈妈让小宝把刚才数的第5颗糖果拿去给爸爸，可是小宝把5颗糖果全部抓起来，送给了爸爸。妈妈不理解：这是为什么呢？

为什么会这样

上述几个小故事体现了幼儿对数的初步概念。幼儿掌握数概念并非简单的会数数，而是包括三个方面的指标：第一，幼儿认识到数的实际意义是对事物数量关系的抽象，比如知道"1"可以指一个人、一个苹果等，"2"可以指两只手、两瓶水等；第二，认识数序，知道自然数列中"左邻右舍"的关系，比如知道3在4的前面、在2的后面，比4小、比2大等；第三，认识数的组成，即理解自然数都是由若干个"1"组成的，可以以"1"为单位分解成若干个数。其中，认识数的实际意义是幼儿数概念的核心。在数概念的形成过程中，幼儿并不是一蹴而就地掌握这三个指标的，这是一个循序渐进的过程。

第一个小故事中的果果能从1背到100，只能说明果果的记忆力不错，并不能表现出果果的数学能力，因为此时她还没有理解数的实际意义。数糖果的时候，"东点一个，西点一个"也是这一阶段幼儿点数时常犯的错误。家长们没有必要像果果的妈妈一样，以孩子能数很多数为傲，正常的孩子都会慢慢学会数数的，何必着急呢？

第二个故事中的大成，有着幼儿期孩子特有的可爱和执着。他能够将数字与楼梯级数一一对应，说明他理解了数字是可以指代实际事物的数量的。但大成也表现出了幼儿初期口头数数时常犯的错误：只会从“1”开始数，不会从任意数开始数；只能一口气往下数，稍被干扰就不会数了。但最后在妹妹的提醒下他成功地数完了楼梯，这个执着的过程应该比记住数字对他的影响更大吧！

第三个故事中的小宝，表现出了幼儿最初还不能区分基数（几个）和序数（第几个）的特点，他以为“5 个”和“第 5 个”是同一个概念，所以当妈妈让他把第 5 个糖果拿去给爸爸时，小宝抓起了所有的糖果。很多研究都表明，幼儿基数概念的发展优于序数概念，所以小宝的妈妈也不用担心，这是幼儿正常的学习特点！

心理学家怎么说

对于幼儿数能力的早期研究，主要是由皮亚杰等人开展的。皮亚杰认为，幼儿在数能力方面是“无能”的，例如前文提到的他的数量守恒实验说明幼儿不能理解数量不变的事实。但新近的研究表明，幼儿甚至婴儿在数领域都已拥有一定的知识和技能。

温恩的“可能事件和不可能事件”实验

心理学家温恩（Wynn）相信婴儿具有数的抽象和推理能力，能够进行简单的加减法。她选取 5 个月大的婴儿作为被试，通过实验（见图 11）证实了婴儿对加法和减法的认识。

实验中，让一组婴儿观看“1+1”的运算情境：一个米老鼠（玩具）被放在舞台架子上，拉起屏幕遮挡住米老鼠；用手拿着另一个米老鼠伸入屏幕后的舞台，把它与第一个米老鼠并排放在屏幕后，然后空手退出舞台；屏幕落下显示正确数量的米老鼠（两只），或者不正确的米老鼠（一只）。观察婴儿看到两种结果时的注视反应。

另一组婴儿观看“2−1”的运算情境：两个米老鼠被放置在舞台架子上，拉起屏幕遮挡住它们，一只手伸入屏幕后拿走一只米老鼠，然后屏幕落下，显示正确数量的结果（一只米老鼠）或不正确的结果（两只米老鼠）。同样观察婴儿看到结果时的注视反应。

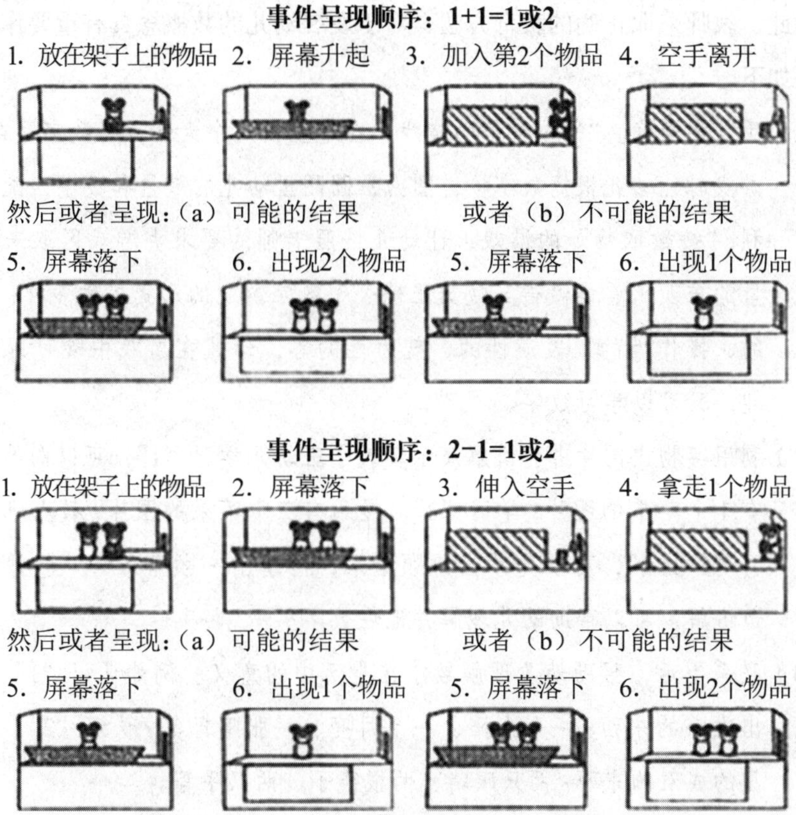

图 11　温恩的婴儿算数能力研究中使用的可能和不可能结果

两种结果的差异在于：一个是可能事件（1+1 = 2，2−1 = 1），另一个是不可能事件（1+1 = 1，2−1 = 2）。如果婴儿理解了实验中所包含的算术运算，那么他们就能预测在屏幕落下后会看到的米老鼠数量；当出现的米老鼠数量不是婴儿预期的，他们就会对这个不可能的结果注视更长的时间。而实验结果恰恰表现出了婴儿的算数能力：第一组婴儿对出现一只米老鼠的注视时间更长；第二组婴儿对出现两只米老鼠的注视时间更长。

给幼儿教师的建议

心理学家认为，环境和教育条件是影响幼儿有关数的认知发展水平的主要原因。因此，教师采取正确的教育方法，对于发展幼儿的数概念具有重要作用。具体建议如下。

（1）玩数字游戏。“抢位置”的游戏，在地上画几个大圈，将数字写在圈内，游戏时让幼儿根据数字抢进圈内，圆圈里幼儿的数量和数字匹配的组胜利；“按数取物”的游戏，让幼儿按照老师的要求去游戏区取来相应数量的东西，看谁做得又快又正确……数字游戏的形式多种多样：竞赛性的、操作性的、表演性的、智力性的等，幼儿在游戏中既可以获得乐趣，又可以学习数字。

（2）利用实物或图片进行讲解演示。教小班幼儿学习“1”，可以向幼儿展示有1个苹果的图片；学习“2”，展示有2个苹果的图片；教大班幼儿学习“1+1=2”，可以先拿出一颗糖果，再拿出一颗糖果……教师边展示边讲解，可以帮助幼儿理解并记住数字。

（3）联系生活，帮助幼儿理解数字在生活中的意义。例如认识“1”时，举出唯一的东西：一个太阳、一个月亮、一张嘴巴等；认识“2”，举出常见的成双的东西：两只眼睛、两根筷子、两只手等。

（4）歌谣和故事。“你拍一，我拍一，常洗澡来常换衣。你拍二，我拍二……”“一个蛤蟆一张嘴，两只眼睛四条腿……”“1像铅笔会写字，2像鸭子水中游……”这些朗朗上口的数数歌，是帮助孩子学简单数数的最好帮手；另外，一些涉及数字的故事也可以给幼儿带来很多乐趣。

（5）多操作和多练习。利用数字卡片、积木、手工材料等，让幼儿动手操作，例如在方格纸上写上1—9，让幼儿在相应的数字下面贴上相应数量的贴纸；将积木数量和卡片上的数字对应起来；整理玩具的时候边收拾边数玩具的数量等。

（6）重视幼儿的个别差异。幼儿在数概念的形成中，由于概括抽象能力和生活经验的不同，可能会表现出学习速度和风格的差异，教师要设计不同层次、不同难度的活动，满足不同幼儿的需求。

（7）培养数学兴趣比学习数学知识更重要。创设轻松、愉快、灵活的数学学习环境，培养幼儿的数学兴趣，让他们在学习中带着兴趣去探究数学的奥秘，这比让他们学会背诵 1 到 100，或者知道 1+1=2 要有意义得多。

给家长的建议

父母一般非常重视孩子的早期教育，很多父母在孩子刚学会说话时就开始教孩子数数，但会数数就是具有数概念了吗？当然不是。父母可以参考以下建议。

（1）利用随机教育，培养孩子的数字概念。和宝宝一起上楼梯时，可以大声地数梯级：“一级，二级，三级，四级……哇，我们走了十二级台阶。”吃葡萄的时候，数数：“一颗，两颗，三颗……这串葡萄有二十颗，妈妈先给你十颗，还剩下一颗，两颗，三颗……十颗。”慢慢地，孩子就会发现数数要一个一个地数、不能重复等规律。此外，人民币的面额、钟表上的时间等，都是让孩子认识数的好教具。

（2）边表演边唱数字歌。父母可以和孩子一起边唱“一二三四五六七，我的朋友在哪里”，“一只手指头，一只手指头，变呀变呀变成毛毛虫。两只手指头，两只手指头，变呀变呀变成小白兔……”边做相应的动作，这样既能帮助孩子记住数字顺序，还能增强数数的乐趣。

（3）分东西。吃饭的时候，让孩子根据吃饭的人数分碗筷；洗好水果后，让孩子分给每个人；吃蛋糕的时候，问孩子要怎么切才能分给每个人……

（4）从孩子的兴趣入手。孩子喜欢玩小汽车，父母可以教孩子数汽车；孩子喜欢打球，父母可以教孩子数拍球的次数；孩子喜欢弹钢琴，父母可以教孩子数黑键和白键的数目……将数学概念融入孩子感兴趣的事物中，孩子会更容易接受。

（5）玩有数字的玩具，例如可以发音的计算器、旧遥控器、有数字的积木等，让孩子自己探索玩具上面数与数之间的关系，多接触数字。

（6）根据孩子的年龄，循序渐进地培养孩子的数学意识，无须刻意去教孩子背数字，也不要急于求成或盲目地跟其他孩子比较，以免使孩子对数学产生厌烦情绪。孩子早晚都会学会这些简单的数学概念的，何必着急呢？

重要参考

幼儿的数概念

研究表明，在儿童数概念的发展过程中存在着某些发展速度较快的时期，按一般的发展趋势看，5—6 岁阶段是儿童数概念发展的转折点，或称为明显的飞跃期。此时幼儿的计数能力、对基数和序数的掌握以及运算能力都呈现出一个飞跃上升的趋势，而教育对这种转折点的出现有着直接的影响。因此，在这一阶段，教师和家长的教育方式、教育内容对幼儿数概念的发展至关重要。

12.“我是男孩！”“我是女孩！”

——幼儿初步发展的性别意识

几个小故事

“狮子一定是女的”

一天，罗力跑来问妈妈：“妈妈，为什么我是男孩？”略显尴尬的妈妈不知道怎么回答儿子，想了想对他说：“因为你是短头发，短头发的就是男孩，长头发的就是女孩。”晚上，妈妈陪罗力看动画片的时候，罗力指着动画片里的狮子一家对妈妈说：“妈妈，狮子一定是女的，你看它们的头发多长！”这下妈妈不知道该怎么向罗力解释了。

“欺负女孩子”的皮皮

幼儿园中班的皮皮是个活泼可爱的小男孩，但是最近有老师向妈妈反映：“皮皮欺负同班的女孩子。”妈妈仔细追问才知道，原来皮皮偷看同班女孩子上厕所，在玩游戏时还试图掀开女孩子的裙子。该如何评价皮皮的行为呢？难道皮皮有道德问题吗？

“为什么我的鸡鸡还没有长出来”

3 岁半的嘟嘟和飞飞是生日只相差几天的表姐弟。一天，妈妈让他们两个一起洗澡，嘟嘟在澡缸里看到了飞飞的鸡鸡，就湿漉漉地爬出澡缸，奔向妈妈，气急败坏得连话都说不清了：“妈妈，飞飞跟嘟嘟一样大，为什么他的鸡鸡已经长出来了，我的还没有？”妈妈看着嘟嘟，哭笑不得。

为什么会这样

上面的故事很明显地体现了幼儿早期朦胧的性别意识。事实上，儿童天生并不知道男孩与女孩之间的不同，甚至早期并不知道自己是男孩还是女孩。研究表明，大约18个月时，幼儿能够说出“我是男孩”或者“我是女孩”，但他们还不知道如何辨别其他人是男孩还是女孩，也没有意识到性别是永恒的、不可改变的。

第一个小故事中的罗力对自己为什么是男孩这个问题感到非常好奇，这说明他已经开始具有初步的性别意识。遗憾的是妈妈的“略显尴尬”和敷衍了事并没有真正解决罗力的问题，反而给罗力带来了新的困惑。

第二个故事中的皮皮完全不存在道德品质的问题。皮皮发现了女孩子与自己身体构造的不同，但没有人向他解释“为什么”，因此他才会采取这些“欺负”女孩子的行为来进行探索。这个时候，如果父母和老师能够大方地向皮皮解释男孩与女孩的差异，皮皮很快就能正常地度过这一阶段，但如果父母和老师粗暴地批评或讽刺皮皮，他心中可能就会产生“性是不可以知道的”这样的观念，并会对“性”产生不正当的好奇心。

第三个故事中的嘟嘟还没有产生对男女生理结构差异的认识，所以才会有如此让人哭笑不得的想法。但笑过之后我们是不是应该想一想，幼儿早期的性别意识究竟是如何发展的？应该如何向孩子解释这类问题呢？

心理学家怎么说

心理学上将幼儿的性别意识分为性别概念和性别角色观两个方面。

幼儿的性别概念包括：

（1）幼儿对自己和他人性别的正确标定，即幼儿能够区分自己或他人是男孩还是女孩；

（2）幼儿对人的性别终生保持不变的认识，即知道自己小时候是男孩（女孩），长大了依然是男孩（女孩）；

（3）幼儿对人的外表改变，但其生物学意义的性别保持不变的认识，如能够认识到即使一个女孩穿了男孩的衣服或剪了短发，但她仍然是女孩。

幼儿的性别角色观包括：

（1）知道哪些行为模式适合于男性，哪些适合于女性；

（2）有与社会对性别角色的定义相一致的行为表现，如一些社会文化中认为女性应该温柔，而男性应该勇猛；

（3）性别角色成见，如认为男孩长大了不能当护士等。

由此可见，幼儿的性别意识发展包含的内容非常广泛，他们知道自己是男孩还是女孩，只是性别意识初步发展的表现。心理学家们对儿童性别意识的发展进行了以下研究。

皮姆对幼儿性别概念发展的研究

皮姆（Bem，1989）研究了幼儿性别概念发展状况及性器官对幼儿辨别性别的影响。他设计了这样一个实验：选取 3—5 岁的幼儿作为被试，实验一是给幼儿看裸体幼男和裸体幼女的照片，以了解幼儿对性器官的认识情况；实验二同样是给幼儿看这些照片，只是照片里的幼儿都穿上了衣服，但有的照片里幼儿穿的衣服与他们的性别相符，有的则不相符。两个实验都要求幼儿选出“照片中哪些是女孩，哪些是男孩”。

实验结果发现，40% 的幼儿能够在实验二中将“穿了男孩裤子的女孩”和“穿上女孩裙子的男孩”正确地辨别出来。其中，在实验一中做出正确选择的幼儿中，有 60% 的幼儿能够在实验二中做出正确的回答；而在实验一中选择错误的幼儿中，仅有 10% 的幼儿能够对实验二做出正确回答。皮姆的这个实验表明，与性别相关的知识是性别概念发展的基础，它有助于幼儿辨别性别。

幼儿的职业性别角色研究

利维（Levy）等研究者（2000）调查了3—7岁的儿童关于男性职业（飞行员、汽车机械师等）和女性职业（服装设计师、秘书等）的看法，内容如下。

一道关于传统的男性职业题目：飞行员就是为乘客开飞机的人。你认为男人和女人谁最适合这份工作呢？

一道关于传统的女性职业题目：服装设计师就是为人们设计并制作服装的人。你认为男人和女人谁更适合成为服装设计师呢？

此外，还要求幼儿选出将来如果从事上述职业，最能表达他们情绪的词汇。

结果显示：幼儿对这些职业的判断有很强的性别特点。他们认为，男人比女人更能胜任男性职业，而女人比男人更能胜任女性职业；女孩认为她们会开心地从事女性职业，对男性职业感到厌恶和愤怒，而男孩则相反。同时，男孩表现出的厌恶和愤怒情绪比女孩更强烈。这也支持了另一结论：男孩对性别角色行为的制约比女孩更明显，正如人们似乎能接受一个女孩有男孩的性格，而很难接受男孩女性化。

给幼儿教师的建议

幼儿教师每天要面对数十名男孩和女孩，如何帮助这一时期的幼儿形成正确的性别意识，对幼儿未来的性别角色发展具有非常重要的作用。具体建议如下。

（1）指出多方面的性别差异。对于小班的幼儿，教师可以教他们从服装、发型、说话的声音、行为举止、外在的生理表现（如喉结、乳房等）、如厕的方式等多方面区分性别的差异，随着幼儿知识经验的丰富，他们会逐渐学会综合这些因素来辨别男女。

（2）对幼儿进行性知识的初步启蒙教育。一方面，教师可以利用绘本教学、洗澡、如厕等时机告诉幼儿男孩和女孩在身体、行为方式上的差异，并教给他们准确的生殖器官名称，使幼儿感觉到性别差异是正常的，不用不好意思；另一方面，需要让幼儿知道性器官属于自己的隐私，“被内衣遮住的地方”不可以随便让别人看到。

（3）教师的态度要平和，要尊重幼儿的好奇心。在性别教育中，切记不要嘲笑或者讽刺幼儿“耍流氓”，教师大方地对待幼儿关于“性”和“性别”的问题，可以消除幼儿心中对“性”的神秘感和好奇心，保护幼儿纯真的心灵，避免因好奇而产生的所谓“道德问题”。

（4）正确选择绘本、故事和游戏的内容，培养幼儿平衡化的性别行为。除了体现传统性别角色的读物之外，这样的故事内容也很不错：妈妈经常看报，关心国家大事，当警察或者科学家；爸爸也常做家务，细心地照顾幼儿……此外，鼓励男孩和女孩一起玩过家家、建大楼或开卡车等游戏，也可以消除幼儿对性别角色的老套观念。

（5）灵活的性别教育方法。按性别分角色开展游戏，然后再互换角色；集体讨论“我是从哪里来的”，“为什么爸爸和妈妈的衣服、头发不一样”等；组织大班的幼儿分时段如厕，让他们知道男女有别；进行整理活动时男女比赛，看看男孩做得更快还是女孩做得更好……

（6）发挥男幼儿教师的特殊作用。女性温柔、细致的性格特点特别适合教育幼儿，但幼儿园清一色的女教师在一定程度上也会影响到幼儿对勇敢、强壮、力量、坚强等男性气质的养成，因此，幼儿园适当引入男幼儿教师也是很有必要的。

给家长的建议

生活中，几乎所有的孩子都问过父母这样一些问题：“我是从哪里来的？”“我是男孩还是女孩？”“为什么男孩可以站着尿尿，而我不能呢？”“我长大了是做爸爸还是做妈妈呢？”……很多父母对孩子的这类问题感到无所适从，羞于向孩子解释，或者不知道该怎么解释。建议家长们参考以下方法。

（1）接受、喜欢并尊重孩子的性别。有的父母出于“好玩”，或为了弥补对孩子性别的“遗憾”，会将孩子打扮成相反的性别，以为孩子还小，没有关系。但事实上，父母对孩子模糊的性别态度非常容易使孩子产生性别认同上的混乱，阻碍其性别意识的正常发展。因此，创造一个正常的性别教育环境是父母的责任。

（2）为孩子树立良好的性别角色榜样。在日常生活中，妈妈是孩子认识女性角色的最好榜样，爸爸则是孩子眼中最标准的男性角色，父母可以利用家庭生活的自然情境来影响孩子。爸爸工作辛苦时，妈妈可以和女儿一起照顾爸爸，体现女性的温柔和理解；做家务时，爸爸可以和儿子一起搬运东西，让儿子感受男子汉的力量……

（3）鼓励发展积极的性别角色。除了社会赋予女孩的温柔、细致，男孩的强壮、勇敢等传统性别标签外，让孩子形成平衡化的性别角色似乎更能适应时代的发展。例如，让孩子看到爸爸在洗衣服而妈妈在修剪草坪，会让他们对性别角色有一个更加平衡的印象。

（4）正确解答幼儿关于“性”和“性别”的问题。对于最常见的“我从哪里来”“为什么女孩不能站着尿尿”等问题，父母千万不能批评、嘲笑或敷衍了事，聪明的父母会通过看绘本、讲故事或用简单直观的语言让孩子形象性地理解这些问题，试想让女孩体验一次站着尿尿又何妨呢？她把衣服弄脏了，就知道不能这么做了。

（5）随机的性别教育。和孩子一起看动画片、图画书的时候，妈妈可以边看边和孩子讨论：“宝宝，你看，那个戴着漂亮蝴蝶结的是女生哦。”“宝宝，你看那个留着胡子的叔叔和那个穿着围裙的阿姨有什么不同啊？”通过这些直观的形象，也可以丰富孩子对性别的感性认识。

（6）大方、科学的态度。父母向孩子提供正确的性别知识固然重要，但更为重要的是父母流露出的情绪性表现和语气。孩子可能一时难以理解人类生理的复杂知识，但很容易感受到父母在谈到这类问题时窘迫的感觉。

重要参考

幼儿的性别意识

社会期望对性别角色的影响。吉登斯（Giddens，1989）曾经做过这样一个实验：分别让两组年轻的妈妈与一名叫“贝丝”（女孩名字）、穿女孩衣服的婴儿和一名叫“亚当”（男孩名字）、穿男孩衣服的婴儿独处，观察并记录他们的行为。结果发现：妈妈们朝“贝丝”微笑，拿出布娃娃逗婴儿玩，觉得她很“甜”；而对“亚当”，另一组妈妈们倾向于训练他的身体活动，拿男孩的玩具给婴儿玩。事实上，“贝丝”和“亚当”是同一名婴儿，研究者只是用姓名和服饰迷惑了妈妈们。这个实验表明，成人刻板的性别模式会影响他们对待孩子的方式。生活中，从婴儿出生开始，成人就会以不同的态度和方式对待不同性别的婴儿，这些不同的对待方式传递了不同的社会期望和社会化要求，引导幼儿进入自己的性别角色。

第二部分　幼儿是怎样感受世界的

孩子对世界有了基本的认识之后，接下来就会产生简单的价值判断，开始用心感受世界。“我喜欢小红、不喜欢小刚，因为小红把她的糖果分给我一半，小刚打我”；“妈妈是爱我的，因为每天睡觉前她都说‘宝贝我爱你，晚安’”；老师都是对的，警察叔叔是专门抓坏人的，电视上说的一定是真的，……孩子眼中的一切单纯而明朗；孩子开始知道谁喜欢自己，谁不喜欢自己，会因为别人喜欢而高兴，会因为别人不喜欢而伤心；孩子开始渴望成为“好孩子”，希望通过各种努力“讨好”大人；孩子开始对别人的评价敏感，担心自己做错了事；孩子的快乐建立在别人对他的态度和行为上，变得容易“受伤”；孩子开始通过别人对自己的言语和行为建立自尊和自信，常常得到赞许的孩子能够拥有高自尊，而常常被人批评的孩子容易形成低自尊；小小的孩子也在尝试独立地应对世界，“我自己来”成为孩子最经常说的一句话；适应环境的变化，友好地和别人相处，也成为孩子要学习的重大课题。

在这一部分，我们同样先从故事开始，描述孩子们在幼儿园、在家里的一些行为表现，由此开始分析上面提到的孩子们正在学习的道德、自我意识、自尊、独立、快乐的心态和亲社会行为。教师和家长只有了解了孩子行为背后的原因，才能够理解幼儿和成人是那么不一样——他们感受世界的视角独特。

请读者特别留意“父母的爱是孩子安全感的来源”这一章节的内容，在整个幼儿发展阶段，得到来自父母的关注和爱，是孩子人格发展的基础，是孩子对自己评价的出发点，是孩子对世界形成基本看法的基础，也是孩子赖以成长和应对周围复杂世界的内在支持。埃里克森关于儿童人格发展的理论，是关于不同年龄阶段的孩子正在形成的人格的基本特征，是所有关于儿童人格发展的分析和教育的基础。

给孩子关爱，教孩子爱，爱自己，爱他人，爱社会，是这一部分探讨的主要问题。而这些，也正是幼儿园教育和家庭教育最核心、最重要的部分。希望作为幼儿教师或幼儿家长的你在边学习、边思考、边行动的过程中能够有自己更深入的体会。

13. 幼儿的世界非黑即白

——说谎的孩子不是好孩子

几个小故事

你说谎，你是坏孩子！

敏仪换了一个幼儿园上中班。一星期下来她就和容嘉成了一对好拍档，常常形影不离。周末时，敏仪受邀去了容嘉家里做客，回到家一直和妈妈说："妈妈，容嘉有一只很大的喜羊羊，我也想要一只……" 由于已经有段时间没给孩子买玩具了，加上最近敏仪表现尚佳，妈妈便带着敏仪一起去商场挑了一只喜羊羊，个头和敏仪差不多大小，可把敏仪乐坏了。

隔了一周，敏仪也邀请容嘉来自己家里玩，还把自己的喜羊羊拿给容嘉玩："你看，我的喜羊羊比你的大！" 容嘉看了不乐意了："才没有呢，我的喜羊羊比你的大！" 敏仪急了："你说谎，你是坏孩子！明明是我的大！" 两个好伙伴就因为这个吵起来了，最后不欢而散。送走了容嘉，敏仪还愤愤不平，一个劲儿和妈妈强调："容嘉说谎，是个坏孩子，我以后不和容嘉做朋友了……"

妈妈你骗人

随便吃了几口晚饭，爸爸就坐在电脑前，继续为明天的企划方案发愁。电话铃响了，刚上幼儿园的蕾蕾按下了免提键。"李贤吗？""叔叔，我是蕾蕾。""蕾蕾，你爸爸在家吗？我们三缺一，叫他快来。"蕾蕾刚想叫爸爸，妈妈立马回话说："不好意思，李贤今晚有点事还没回来呢，你们改日再约吧。" 挂了电话后，蕾蕾看着妈妈，很认真地说：“爸爸明明在家，妈妈你骗人！”妈妈一时语塞了，不知该怎么接孩子的话……

“好人”和“坏人”

周末，月月妈妈本来约了爸爸一起看电影，但爸爸临时有事，月月又没人照看，只好带着月月去看电影了。看完电影回来，妈妈看到月月很开心，便问：“月月，电影好看吗？”月月说：“好看呀！”妈妈接着问：“为什么好看？”月月答：“因为好人打坏人。”妈妈又问：“好人怎么好？”月月答：“因为他打坏人。”妈妈笑了：“坏人怎么坏？”月月很认真地答：“因为他打好人。”妈妈被月月的话逗乐了，敢情月月压根儿就不知道电影演了什么，光顾着分好人和坏人了。

为什么会这样

这几个故事中，三个小朋友执拗较真的行为都反映出幼儿的一个共同特质，那就是幼儿“非黑即白”的道德判断力。所谓道德判断力，是指幼儿运用道德标准对一件事情或者行为进行对与错、当与不当的判断能力。在幼儿的道德思维世界里，没有像成人那样的灰色地带，他们的道德判断力表现为非黑即白、非此即彼的二元思维特点。

第一个故事中，对敏仪来说，容嘉的喜羊羊没有自己的大，她却谎称比自己的大，这样的行为是撒谎，是“坏孩子”的表现。为了表明立场、划清界限，敏仪毅然决定不和容嘉做朋友。4 岁的小敏仪无法理解，容嘉并不是有意撒谎，而只是一时不想接受别人的玩具比自己的玩具更好的事实。敏仪更加不会知道，这样的行为是容嘉的无意识行为，不能因为这一件事就判定她是好孩子还是坏孩子。

第二个故事中，妈妈为了帮助爸爸争取工作时间，情急之下，用撒谎来拒绝朋友们的娱乐邀约，在大人眼里是完全情有可原的行为。但在蕾蕾看来，妈妈明显是做了不该做的事。以前妈妈教导蕾蕾不能撒谎，现在自己却撒谎，这让蕾蕾内心产生了矛盾，她对妈妈很是失望，甚至有些愤怒了。像蕾蕾这样监督大人行为的情况生活中时有发生，爸爸妈妈要了解幼儿的道德判断方式，在事前考虑周详，事后及时补救。不然幼儿对父母的质疑会影响到父母的权威，而且也正是这样的“示范”才教会了幼儿撒谎。

第三个故事中，月月看电影后给妈妈的反馈，更是反映出了幼儿“非黑即白”的道德判断方式。在月月心里，好人就是纯粹的好人，坏人就是纯粹的坏人，两种人之间没有灰色地带。相信每个人在年幼的时候，都曾像月月这样执着地去区别好人和坏人，也都闹出过不少笑话吧！

心理学家怎么说

美国的儿童发展心理学家科尔伯格使用两难故事法发现幼儿期孩子的道德判断能力表现出“只从表面看行为后果的好坏”的特征。科尔伯格通过询问儿童一些假设的两难故事中的问题，来考察儿童和青少年对一系列结构化的道德情境中的事实进行判断和推理的情况。其中一个很有名的两难故事是《海因茨偷药救妻》。

> 在欧洲，一位患有癌症的妇女快要死了，只有住在同一个镇上的药剂师新近发明的一种药品可以挽救她。但是这位药剂师发明药品就是为了赚钱，他向病妇的丈夫海因茨索要十倍于造价的药价。海因茨到处借钱也只能借到药价的一半。他恳求药剂师把药卖得便宜些，或者先把药给他，余款以后付清。但药剂师为了钱一口回绝了海因茨的请求。海因茨无比绝望，于是半夜潜入药房，偷走了药。你认为海因茨该不该偷药？为什么？法官该不该判他的罪？

科尔伯格用这样的道德两难故事测试了十几个国家六七岁到21岁的孩子。测试的结果发现：六七岁的孩子一般都会片面地回答——“偷药是坏人的行为，警察会来抓他”或者“妻子要死了，只能偷药救她”；大一点的孩子就会深入地思考——“假如海因茨还有一点荣誉感，就不该因为自己怕做这件事而让妻子死去。对妻子未尽到应有的责任，他会因为是自己导致妻子的死亡而内疚”，或者

“海因茨身处绝境偷药的时候，他可能还不知道做了错事。当他受到惩罚而坐牢时，他就会知道自己做错了。他会因为自己触犯法律而感到内疚”。根据孩子们的回答，科尔伯格将儿童、青少年的道德认知发展区分为六个阶段，并将这些阶段划分为三种道德水平：前习俗水平、习俗水平和后习俗水平（见表1）。

学前期幼儿的道德判断力都处在第一种水平上，盲目地以父母的权威作为判断事情好坏的依据，没有形成自己的道德伦理观。如此，便可理解幼儿一方面刻板地认为凡是撒谎都是做坏事，另一方面有时又选择撒谎。这是因为一来幼儿只看到表面的行为，并以此来判断后果好坏；二来撒谎可以带来心理上的满足，甚至可以逃避惩罚，在撒谎中尝到甜头的幼儿便会时不时地选择撒谎。

表1　科尔伯格的道德判断发展阶段

三种道德水平		发展阶段		心理特征
一	前习俗水平（9岁以下）	1	避罚服从取向	只从表面看行为后果的好坏。盲目服从权威，旨在逃避惩罚。
		2	相对功利取向	只按行为后果是否带来需求的满足来判断行为的好坏。
二	习俗水平（10—20岁）	3	寻求认可取向	寻求别人认可，凡是成人赞赏的，自己就认为是对的。
		4	遵守法规取向	遵守社会规范，认定规范中所定的事项是不能改变的。
三	后习俗水平（20岁以上）	5	社会法制取向	了解行为规范是为维护社会秩序而经大众同意建立的。只要大众取得共识，社会规范是可以改变的。
		6	普遍伦理取向	道德判断以一个人的伦理观念为基础。个人的伦理观念用于判断是非时，具有一致性与普遍性。

（转引自：张春兴．教育心理学［M］．杭州：浙江教育出版社，1998.）

给幼儿教师的建议

针对幼儿特有的“非黑即白”的道德逻辑，幼儿教师在教育教学中一方面要懂得珍惜这份单纯，另一方面也要善于引导这种稚嫩，具体包括以下几点。

（1）认识幼儿的道德世界。幼儿教师必须科学系统地了解幼儿的思维特点和道德判断力。从心底里接受幼儿“非黑即白”的认识世界的方式，小心呵护幼儿的纯真质朴，避免因为不耐烦或者不理解而造成对幼儿的伤害。

（2）丰富标签式榜样的形象。当灰太狼为了小灰灰放弃了吃羊的计划时，幼儿教师要适时来一句“看，灰太狼除了是羊村的敌人，也是一位让人感动的父亲啊”；当一直和哈利•波特作对的斯内普教授救了哈利一命的时候，教师也不该忘记感慨一声“原来斯内普也不是那么冷酷无情的”。在教师有意无意的引导下，幼儿就不会简单粗暴地把所有人都划分为“好人”或“坏人”，他们的情商发展自然也会得到促进。

（3）话不要说得太绝对。幼儿拥有敏锐的观察力和记忆力，他们的困惑很多时候来自教师言辞的前后不一致。幼儿教师应该尽量避免使用“一定”“非得”“必须”的命令式句型，以和孩子平等的身份一起商量做出班级决议，减少和幼儿的冲突，巧妙避免“非黑即白”的尴尬。比如，“我记得我们一起约定了值日制度”。

（4）学会运用启发式教育。情况复杂的时候，幼儿教师不妨学习苏格拉底的“产婆术”。不直接回答幼儿的质疑，而是使用讨论、问答甚至辩论的方式来一步步地把幼儿的矛盾解析出来。例如，教师可以使用这样的句型，“如果你坚持……的话，可以给大家解释一下……吗？”你会惊讶地发现，最后幼儿自己就把自己说服了。

给家长的建议

家庭是幼儿道德行为形成的主要阵地，父母如何耕耘幼儿的心灵这块净土，对幼儿日后的道德判断力的发展有着重要的意义。具体建议如下。

（1）理解孩子的钻牛角尖行为。开头的三个故事中，妈妈们都遇到了孩子钻牛角尖的难题。一次两次，父母还愿意尝试着解释和疏导，难就难在当孩子提出大量相似的疑问时，父母仍能够认真对待。“等你长大就知道了！”这是不负责任的敷衍。比错误的解释更可怕的是漠视。“爸爸正忙着呢，别来烦我。”这会让孩子很伤心。理解孩子，给孩子时间和耐心，是爸爸妈妈首先应该做的功课。

（2）避免树立父母的负面形象。诸如撒谎的“坏事”，孩子最先就是从爸爸妈妈那里学来的。尽管成人世界的谎言很多时候是社交中不得不使用的技巧，但在孩子看来父母是在一点点地摧毁他们心目中道德信仰的形象。如果不想自己的孩子撒谎，爸爸妈妈要从自身做起。

（3）尽可能讲道理给孩子听，让他理解有时候说谎也是不得已的。如第二个故事中说谎的妈妈，可以直接跟孩子解释：“你看爸爸正在忙工作是不是？他的朋友叫他去打牌，打牌是不是没有工作重要呀？如果直接说爸爸没空，叔叔会很难缠，会说‘明天再工作’之类的话，是不是？所以啊，妈妈为了帮助爸爸，就干脆说他没回家，这样就简单多了，对不对？妈妈太了解叔叔了，所以想了个办法来对付他，妈妈是不是很厉害呀？”

（4）建立权威型的教养方式。影响家庭教育效果的一个重要因素是父母权威。心理学研究表明，权威型的教养方式是最有利于儿童心理健康发展的。从孩子的角度来看，爸爸妈妈在孩子的心目中是可以信赖、值得尊重的，也会主动服从父母的教育指导。权威型的教养方式要求父母对孩子提出明确合理的要求，并会谨慎地说明要求孩子遵守的理由，同时这样的父母并不缺少应有的温情，能够晓之以理、动之以情。在这样的教养方式下成长起来的孩子，在道德判断上表现得更为自信、柔和，不会过分偏执、刻板。

（5）以子正身。孩子的执拗和较真会闹出不少笑话，甚至有时会让爸爸妈妈难堪。有些时候，孩子还没有让世俗沾染的纯净心灵会让父母深感惭愧。所以，当孩子和你较真的时候，不妨反省一下自己吧，你会发现很可能是自己偏离了人性最本真的一面。

重要参考

儿童也是哲学家

意大利儿童教育家蒙台梭利说“儿童是成人之父”，又说“成人应该敬畏儿童”。我国老子说：“知其雄，守其雌，为天下溪；为天下溪，恒德不离；恒德不离，复归婴儿。”意思是对于离道失德、渐行渐远的成人来说，应该回归到婴儿般赤子的状态。成人在应付不了纷杂的需求、把握不好生活的方向时，倒是可以看看儿童是怎样认识世界，怎样对世界充满正义感、使命感，怎样对生活充满信心、对家人满怀信任的。不要低估了这些小人儿，他们可是这个世界上最不可貌相的哲学家啊！

14. 父母的爱是孩子安全感的来源

——埃里克森的心理发展阶段理论

几个小故事

自卑的乔布斯

享誉全球的苹果集团创始人乔布斯改变了现代人的生活。2011 年他过世后很多人开始研究他的身世。结果发现，这个被无数人视为传奇的男人，其实性格里充满着冷酷、孤僻、暴躁、傲慢、极端、一意孤行。原来，乔布斯是典型的“自卑型性格”，他幼年时便是一个问题儿童，后长成孤僻少年、叛逆青年。虽然他创造了通信界的奇迹，但让人唏嘘不已的是，他的人生缺失了很多愉快的感受。是幼时的什么重大事件让成年后的乔布斯仍一度不愿意接受自己，对世界充满恐惧呢?

小小班的“爱哭鬼”们

囡囡已经上大班了，“今天能去幼儿园”是她起床的最大动力。这两天幼儿园刚迎来新学期，囡囡低落了好一阵的情绪分外高涨，每天回家后的第一件事就是给爸爸妈妈讲幼儿园里的事。这不，囡囡又开始数落幼儿园的新成员了：“小小班的弟弟妹妹们也太奇怪了！今天我们户外活动的时候，正好赶上和小小（3）班一起。幼儿园里多有意思啊，放着那么多滑梯、秋千不玩，你们猜，他们在干什么呢？”妈妈问：“都在干什么呢？”囡囡一脸的不满意：“有一个小弟弟哭了，然后就两三个跟着哭，最后一大半的人站在一起哭！还都叫着‘妈妈，妈妈，我要妈妈’。晚上不就能见到妈妈了吗，至于哭成这样吗？真是一群‘爱哭鬼’！”看着囡囡的样子，妈妈倒乐了。但妈妈转念想起了囡囡刚去幼儿园时艰难的过渡期，心里还是不由得感慨：直到现在也不知道当时怎么做才能让囡囡不那么难受……

“独行侠”

子泉是中（2）班刚转来的小朋友，可才来没几天，他就给韦老师惹出了好多事。不是和小朋友抢东西把别人抓伤，就是因为保育阿姨催他快点吃饭而又踢又闹，要不就是怎么都不愿意回答韦老师的问话。小朋友们都不喜欢子泉，给他起了个外号叫“独行侠”。经验丰富的韦老师意识到，子泉起伏不定的情绪和暴躁的脾气一定和他的爸爸妈妈有关，于是决定进行一次家访。果不其然，韦老师发现子泉的爸爸妈妈由于生意繁忙压力大，负面情绪很多，遇到子泉犯错误，常常都是直接批评，再威吓几句，出现频率最高的句子就是：“你要是再不……，我就……”韦老师感叹道：怪不得子泉会变成现在这个样子！

为什么会这样

其实，自卑的小乔布斯、小小班的“爱哭鬼”们，情绪起伏的“独行侠”身上有一个共同的问题：他们都缺乏安全感，尤其是来自父母的安全感。什么是安全感呢？简单来说，安全感就是安全性的依恋感。所谓依恋，是指婴幼儿与最亲近的照顾者（一般是父母）之间所形成的一种强烈的情感纽带。如果父母能够给予孩子足够的、持续的、稳定的、前后一致的、合理的爱，孩子就会体验到安全感，延伸出对他人和世界的信任，并且感觉到自尊、自信以及对现实和未来的确定感和可控制感。反之，长期缺乏安全感的孩子会隐藏着强烈的自卑和敌对情绪。

乔布斯的母亲是一个未婚先孕的硕士生，因为生活拮据，一生下小乔布斯就就把他送给了别人。虽然他的生母选择了一个愿为乔布斯付出爱的家庭，但弱小的乔布斯难以在这个陌生而危险的世界上体验到安全感和力量。他始终无法接受自我，孤独并且极端。乔布斯曾说：“我的一切努力都只为让母亲明白她将我抛弃是个错误。”童年遭遗弃对乔布斯来说是永远的伤害。

小小班的“爱哭鬼”们很多都是第一次离开妈妈，幼儿园的老师和环境对于他们来说太陌生了，让这些不到3岁的孩子产生了强烈的不安全感。有一个小朋友想妈妈想哭了，就会勾起其他小朋友的焦虑情绪。大家一起呼唤着妈妈的出现，这是孩子们寻求安全感的唯一方法。

子泉的易怒和多变是缺乏安全感的另一种表现形式。爸爸妈妈常常讲一些带有威胁和恐吓的话，会让子泉对父母的爱产生怀疑，担心父母真的不喜欢自己、不要自己。这样的焦虑让子泉对周围的人和环境都失去了信任，因此，他只能选择以粗暴的方式来保护自己。爸爸妈妈们一定要引以为戒，注意改善自己与孩子的交流方式。

心理学家怎么说

美国著名的发展心理学家埃里克森提出了心理发展阶段的理论，他把心理发展划分为八个阶段，指出每一个阶段的特殊社会心理任务，并认为每一阶段都有一个特殊矛盾，矛盾的顺利解决是人格健康发展的前提。

其中，在个体发展的早期，人格发展最主要的课题是建立对世界最初的信任感。如果婴幼儿能受到父母（尤其是母亲）或其他看护人的良好照顾——比如能够对婴儿采取慈爱的态度，并且这种慈爱是经常的、一贯的和可靠的——那么婴幼儿就会觉得舒适和满足，进而产生最初的安全感，会对周围的世界产生信任和期待。

婴幼儿时期，获得了父母持续稳定的爱的回应的孩子，往往具有较高的安全感。他们常常感到被人喜欢、被人接受；有归属感；对他人信任和宽容；对事物持有乐观的态度；解决问题时愿意争取必要的力量；不以自我为中心，乐于合作，富于同情心。

相反，如果幼儿没有从父母那里得到足够的爱或是父母采用负面的教养方式，如不尊重、鄙视、羞辱、讽刺，就会刺伤孩子的情感，损害幼儿的自我价值感，甚至直到成年期都摆脱不了。这样的孩子成年后还常常会有自我要求过高的问题，经常以抑郁性的精疲力竭而告终。他们总是在体验着童年时所熟悉的痛苦情感：得到的爱不够、不能让人满足。

给幼儿教师的建议

对幼儿教师来说，关注幼儿的安全感，可以解开很多幼儿情绪问题的症结，更好地组织幼儿在园的教学和生活。具体建议如下。

（1）知道幼儿安全感的来源和重要性。教师要清楚父母的爱是幼儿安全感的来源，对待班里表现过分自卑、情绪起伏较大的幼儿，应该给予他们更多的关注和理解，同时在处理孩子之间的纠纷时注意分寸。比如，像子泉这样从父母那里没有体会到足够安全感的小朋友，一旦他有主动参与游戏的倾向，教师要及时说："子泉，我们在等你呢。"过后还可以鼓励他说："子泉，老师今天看到你做游戏时特别棒，看得出来其他小朋友很喜欢和你一起做游戏呢！"教师理解了幼儿特殊行为的原因，用正确的态度和积极的方式来处理问题，就不会出现盲目责怪幼儿的错误行为了。

（2）家园合作，共建幼儿安全感。教师要进行有针对性的家访，了解幼儿和父母相处的方式，把建立幼儿安全感的重要性告知家长，一起营造幼儿健康成长的环境。与家长沟通时，教师可以这样询问他们："您平时陪伴孩子的时间多吗？""孩子调皮惹事的时候，您都是怎么解决的呀？"遇到对孩子没有耐心的家长，要言明利害，引导家长重视孩子性格形成、人格发展过程中安全感的建立。

（3）积极对待幼儿来园时的分离焦虑。刚离开父母陪伴的幼儿，常会出现哭闹等比较严重的情况。新手教师要理解幼儿的焦虑状态，有经验的教师要保持爱心、避免职业倦怠。一般情况下，教师可以使用转移注意力的策略，如介绍“娃娃家”；倾听策略，如在班里设置“悄悄话”区域；奖励策略，如对幼儿的进步给予贴印章的奖励；适度满足策略，如允许个别幼儿由父母半天陪读或者带父母的衣服来园等，以此来缓解幼儿的分离焦虑，增强他们在园的安全感。

（4）建立幼儿对教师的安全感。在与幼儿的互动中，教师应该注意幼儿安全感的建立。教师要尽量关注到每个幼儿在互动中的反馈，在教学和生活中要常给予幼儿拥抱和抚摩，保持稳定的情绪，不轻易向幼儿发怒等，用爱建立起幼儿对教师的基本信任。

给家长的建议

（1）不能缺失的早年陪伴。很多孩子小时候由祖辈带大，他们的性格不一定有大的缺陷，但在往后的日子里再怎么努力也无法与父母建立亲密关系；还有些孩子因为各种各样的原因，一出生或很小就离开亲生父母，由养父母带大，他们像小乔布斯一样，一直在追问“我为什么要被抛弃”，在自我接纳上出现严重的障碍。这都是因为他们没有从父母那里获得安全感，而安全感的缺失会对一个孩子造成不可逆转的伤害！所以无论父母工作多忙，都要记得给孩子的生命浇灌最有力的营养——早年陪伴带来的安全感。

（2）和谐夫妻感情的重要意义。安全感的建立是多方面的，除了父母的持续陪伴，父母间的和谐关系也很重要。父母的争吵会让孩子感受到极大的不安和恐惧，产生对环境的焦虑。而和谐美满的夫妻关系，孩子在以后的生活中会无意识地复制。从这个意义上来讲，父母给孩子最好的礼物就是美满的婚姻。

（3）无条件的积极关注。有些父母为了塑造孩子良好的行为习惯，常会说“你要是……，我就给你买……”“你要是做到……，妈妈就爱你，不然就不喜欢你了！”这会让孩子认为，只有在他表现好时父母才会喜欢他，否则就会遭到父母的嫌弃。久而久之，孩子可能会变得易怒，以此来保护自己，也可能会变得更加内向放弃讨父母欢喜。因此，爸爸妈妈在孩子犯错时，可以一边坚持原则（比如玩具使用后要放回原处，看动画片只能看20分钟等），一边进行肢体接触（如摸着他的头或认真地看着孩子），并告诉他：“妈妈很不喜欢你乱扔玩具，你如果能把它们收拾好的话，妈妈会认为你是一个做事有始有终的棒小孩！”体会到妈妈只是在责怪自己做的事而非嫌弃自己，这样的孩子往往情绪稳定，并能与父母进行良好的沟通。

（4）溺爱是幼儿安全感的杀手。需要注意的是，父母对幼儿无条件的积极关注绝不等于溺爱，溺爱也是幼儿安全感的杀手！父母无原则地纵容孩子，避免让孩子面对困难，会使孩子面对外人胆小畏惧，面对家人蛮不讲理。因此，要想培养坚强的、有韧性的、好性格的宝宝，爸爸妈妈一定要坚守原则！

重要参考

幼儿的“早期经验”

著名的精神分析学家、心理学家弗洛伊德非常强调“早期经验”在人一生发展过程中的重要作用，他认为一个人生活的不幸（或幸福）可以在其过去的经验，尤其是童年时期的经验中找到根源。更重要的是，他认为人格的发展于5岁左右就完全定型了，儿童的人格发展是否正常，和5岁前的经历有很大的关系。家庭是幼儿早期经验的主要来源，家长要避免在家庭中出现割裂的情感、剧烈的纷争，尽量为幼儿提供积极的早期经验。

15.“老师说的”永远是对的

——他律的道德

几个小故事

“老师说的”

芸芸上幼儿园半年了，一家人都觉得她这半年来变化特别快，懂事了许多。看到妈妈收碗筷，芸芸会主动加入，“老师说了，妈妈做饭很辛苦的，小朋友要帮忙做家务。”听到爸爸抢妈妈的话，芸芸就很严肃地对爸爸说：“老师说，插话不礼貌！”奶奶送芸芸上校车，芸芸特别懂事地嘱咐奶奶：“老师说离车近很危险的，你得站远点儿。”左一句“老师说的”，右一句“老师说了”，芸芸简直成了家里的小督察官！

妈妈说“可以”

吃过晚饭，瞳瞳缠着刚出差回来的爸爸，把小嘴巴凑到爸爸耳边，用特别小的声音说：“爸爸，我想吃你带回来的好吃的。”爸爸说：“可是你已经吃过饭了啊，再吃会撑坏肚子的，咱们明天再吃好吗？”瞳瞳很不乐意，摆出一副小可怜的样子直勾勾地盯着爸爸，几天没见到瞳瞳的爸爸实在挡不住这招，就说：“你问问妈妈，看看妈妈怎么说。”瞳瞳小声地说：“你帮我问……”一旁的妈妈憋着笑，故意没回答。瞳瞳看看妈妈，又凑过脑袋跟爸爸说：“妈妈说可以。”爸爸大笑：“一向天不怕地不怕的瞳瞳今天好像特别害羞呀！”妈妈终于答话了：“我们早就说好了，晚饭后不可以吃零食。他心里明白着呢，才不敢问我呢！”

到底“多”字怎么写

妈妈在翻看洲洲带回来的练习册时，看到洲洲写的“多”字的两个“夕”一左一右地排列在一起，就指给他看：“洲洲，你的‘多’字写错了。”说着就在纸上写了一个“多”字给洲洲看：“你看，你的‘多’字是左边一个‘夕’右边一个‘夕’；妈妈的‘多’字是上边一个‘夕’下边一个‘夕’，以后可别再错了啊。”本来妈妈以为洲洲会欣然接受自己的意见，哪知洲洲却急了：“你才错了！老师就是像我这样写的，你是错的，你是错的！”无论妈妈怎么说，甚至拿来一本书给洲洲看都没用，洲洲就是坚持自己的意见，这可气坏了妈妈。第二天妈妈一问老师才弄清楚，原来是老师在黑板上写字的时候太仓促，“多”字看起来确实像一左一右两个“夕”排在一起。妈妈拉着老师一起给洲洲解释，洲洲这才勉强接受了妈妈的意见。

为什么会这样

以上三个故事中的小朋友令人啼笑皆非的行为说明了同一个现象：幼儿的道德是他律的道德。所谓他律的道德，就是指幼儿的道德判断受其自身以外的权威人物的标准所支配。这与成人可以通过自我约束、自我履行规范的自律道德正相反。

第一个故事里，芸芸眼里的老师是一个比家里任何人都有权威的人物，她教导了芸芸助人为乐、讲究礼貌、注意安全的道德和行为规范，芸芸就自觉地把老师的话当成自己行动的准则，并且用这些规范去监督家里人的行为。

第二个故事里，对瞳瞳来说，在家里，妈妈明显比爸爸更具有权威性。虽然瞳瞳平时“胆大妄为”，但是对于妈妈明令禁止的事情，瞳瞳打心眼儿里还是不敢做的。只有爸爸在场的时候，瞳瞳才敢稍微探探口风。如果没有爸爸在场，相信瞳瞳对吃零食这件事是想都不会想的。可见，坚持原则的妈妈对孩子多么重要。

第三个故事里，洲洲坚持老师的意见不改，还因为老师的错误与妈妈起了冲突，也是同样的道理。妈妈的形象和洲洲的起居生活联系在一起，老师的形象与洲洲的学习生活联系在一起。在写字这件事上，老师显然更值得信任，更具有权威。洲洲这个年龄的小朋友，还无法理解妈妈纠正其错误的动机是为了他好，反倒把妈妈看成挑战权威的敌对者，因此才丝毫不肯退让。

心理学家怎么说

瑞士儿童心理学家皮亚杰做了一个实验，要求儿童对两难故事的情境做出判断。这个故事是：

星期日下午，妈妈很疲倦，要她的女儿和儿子帮她料理家务。妈妈要女孩去把一摞盘子揩干，要男孩去取一些柴火来。但是小男孩上街去玩了。妈妈就叫小女孩去做了这两件事。这个小女孩会说些什么呢？

皮亚杰询问了 150 个 6—12 岁的儿童，结果是年幼的儿童倾向于服从权威，认为成人的命令都是正确的，所以妈妈叫小女孩做两件事是对的，应该服从。只有 9 岁以上的儿童才会认为妈妈这样做不公平。

皮亚杰由此得出结论，8 岁以前的儿童认为应服从权威和年长者的命令。他们认为服从成人的命令就是正确的行为，否则就是错误的行为，听大人的话就是好孩子，不听大人的话就是坏孩子。他们也服从周围环境对他们的规定或提出的要求，并认为这些规则或要求是不能更改的，谁也不能违反，若是违反了，就是犯了极大的错误。

在实际教学中，“好告状”就是这一阶段的儿童服从权威的道德观念的具体表现。因为他们的规则来自成人，成人是幼儿的一切道德和一切真理的源泉，幼儿以违反或者遵从权威的规定来判断是非。因此幼儿遇事要找成人，尤其是让老师来评理。

给幼儿教师的建议

幼儿认为“老师说的”永远是对的，可见教师在幼儿的他律道德发展阶段扮演着重要的角色。无论是在教学还是生活中，教师都不应辜负幼儿这份赤诚的信任。具体建议如下。

（1）实施符合幼儿道德发展阶段水平的道德教育。针对处在他律道德发展阶段的幼儿，教师要在教学中塑造生动的道德榜样（比如动画形象喜羊羊、海绵宝宝等），用深入幼儿内心的“英雄”来督促幼儿在生活中的道德行为。

（2）鼓励同伴交往。同伴交往可以充分发挥幼儿的自主性和能动性，促进幼儿道德水平的提高，由他律逐渐走向自律。尤其是同伴发生冲突时，教师要引导幼儿从动机出发来进行道德判断，比如教师可以这样说：“如果你是为了帮助别人拿东西而把颜料盒打翻的，老师是不会责怪你的，但是要提醒你下次做好事前应该先确认环境哦。”

（3）建立民主、亲切的师幼关系。独断的教师会令幼儿感到不安，反而不利于幼儿接受教师的指导。教师不妨试着这样与幼儿相处：“我们一起来合计合计，重新制定玩玩具的规则好吗？”“冰冰和思雨的问题解决起来很复杂，老师也遇到了困难，你们来和老师一起解决吧！”这样一来，幼儿往往会更加遵守规则，接受教师的引导。

（4）与幼儿平等对话。教师应该倾听幼儿的道德思考，以平等的态度与幼儿进行沟通和对话。只要耐心一些，教师就会收集到诸如这样的信息：“为什么不能给地铁上乞讨的人钱呢？”“为什么老师没有责怪惹祸的嘉怡呢？”“为什么……”让幼儿充分自律是不可能的，教师作为幼儿的道德权威，与幼儿平等对话会不断提高幼儿的道德发展水平。

（5）灵活地传授道德知识。进行道德教育时，教师不应该过多地使用“一定”“绝对”“绝不”“不必”“所有人”这样的词语，避免给幼儿造成规则是不可更改的错觉。相反，可以使用“……会更好”“我希望你……”

“大部分情况下……”“很多人都……”等表达方式，给幼儿留下可以变通的思考空间。

给家长的建议

教师在一段时期内是幼儿道德权威的重要来源，但家庭教育中渗透的道德教育影响更为深远。在幼儿道德他律发展期，对家长们的建议如下。

（1）理解孩子的刻板行为。当孩子总是把“老师说的”挂在嘴边的时候，当孩子总是不厌其烦地指出父母身上他认为不正确的行为时，刚开始时父母都会惊叹孩子长大了，但当他们忙于手头的工作，孩子又总是出来找麻烦时，父母也可能会对孩子发脾气。这时，父母应该明白，孩子并不是专门和你做对，甚至孩子也不懂什么是真正的对错，他只是刻板地把从幼儿园听来的“权威”搬回家中，父母要理解孩子在道德发展特殊时期的行为。

（2）树立家庭中的权威形象。如第二个故事中曈曈的妈妈，她与曈曈之间有明确的协定，以至于曈曈在潜意识里已经不再想着可以让妈妈满足自己的不合理要求了。这时“妈妈是对的”就有了和“老师是对的”一样的权威地位。有这样的妈妈在，会避免孩子因为受到溺爱而导致无故耍赖、唯我独尊。

（3）在讲故事时渗透道德教育。幼儿爱幻想的特质决定了大部分的幼儿都喜欢听爸爸妈妈给他们讲故事。给孩子讲故事时，妈妈可以多向孩子提出这样的问题：“匹诺曹的鼻子为什么长长了呀？”“三只小猪的房子为什么只有第三只的能够把大灰狼挡在外面呀？”引导幼儿进行道德思考，将一部分道德教育融入生动又自然的讲故事中。

（4）做到比说出更重要。父母的世界基本上已经是幼儿的全部，父母的行为也是幼儿模仿最多的。在对幼儿进行家庭道德教育时，说教固然重要，但说多了幼儿一定会有抵触情绪，叛逆心理可不是只有青少年才有的！

所以，言传不如身教，在善良、诚实、大度的父母的示范作用下，幼儿方能获得更深远、更有效的道德熏陶。

重要参考

让孩子最伤心的几句话

父母和教师在教育孩子的过程中，切记要口下留情。下面一份研究统计了最让中国孩子伤心的几句话：

“笨蛋，没用的东西！”

“住嘴！你怎么就是不听话？”

“我说不行就不行。”

“我再也不管你了，随你的便好了。”

“你若考100分，我就给你买。”

“你可真行，竟做出这种事来！”

“你又做错了，真笨！”

“一看你就没多大的出息，将来就捡破烂吧！”

“都是一样的孩子，你怎么就不如别人！”

16. 警察永远知道谁在做坏事

——自我中心的道德

几个小故事

我要去找警察叔叔！

3 岁的晓晓最近特别爱找“警察叔叔”。妈妈给晓晓讲《三只小猪》的故事，当晓晓听到可恶的大灰狼一连撞塌了两只小猪的房子时，扯着妈妈的衣袖一个劲儿地说：“我要去告诉警察叔叔，大灰狼太坏了！”在楼下和邻居家的弟弟起了口角，晓晓忍着怒火对弟弟说：“警察叔叔会替我教训你的！”最令妈妈啼笑皆非的是，为了表示对晓晓乱扔玩具的不满，妈妈很严肃地说：“你这么不乖，再到处乱扔玩具，我就再生一个妹妹，不要你了！”晓晓完全没被妈妈恐吓到，反而一本正经地对妈妈说：“我也要和警察叔叔说，我不要你了，我要换一个妈妈！”在晓晓心里，仿佛他遭遇到的所有“坏事”，都可以找警察叔叔解决，警察叔叔可真是万能啊！

警察叔叔关坏人

奶奶常常教苗苗：“有事找警察，找警察就打 110！”因此只要问苗苗“有事找警察，打什么电话啊”，她都会回答“110”。第一次听她这么说，妈妈觉得很好玩，接着问她：“那警察叔叔抓了坏人，把坏人关在哪里呢？”妈妈本以为苗苗不知道，想教她回答“监狱”的，没想到她马上回答：“厕所！”大家不解，奶奶就问她：“为什么要关进厕所呢？”苗苗看看妈妈，肯定地回答：“妈妈！——厕所！”原来是因为她有时不讲道理，极度过分，妈妈在教育无效的时候就会把她关进厕所，让她一个人冷静地想想，直到她认错为止。因此，她想当然地认为，警察叔叔抓了坏人也是把坏人关进厕所的。

画个年轻的奶奶

偶尔有次看到电视节目中有个老太太死了，老太太的亲人哭成一团，珊珊也流下眼泪，她边哭边说：“妈妈，老奶奶不会动了……她不会说话了……我想叫她说说话……”看着珊珊这么伤心，妈妈赶快把她抱在怀里安慰道：“宝贝儿，所有人年纪大了都会死的，你看奶奶已经很老了……”珊珊没等妈妈说完就抽噎着说：“那快叫爸爸画一个奶奶呀，画一个年轻漂亮一点的奶奶呀，她不老了，就不会死了。”

为什么会这样

晓晓对警察叔叔“法力无边”的想象、苗苗对警察叔叔关押坏人的地点的判断，以及珊珊要画个年轻奶奶的行为，看似没什么太大的关联，但都说明了幼儿的道德发展水平处于初级阶段时的一个共同特点：自我中心的道德。所谓自我中心的道德，是指2—5岁的幼儿在接受外界的道德准则时，不顾规则的具体规定，按照自己的想象来执行规则，不能把自己和他人的环境区分开来，常把自己想的加在成人或者同伴的身上，或把成人说的混同于自己想的，把外界环境看成自身的延伸。

这一阶段的婴幼儿经常独自游戏或与成人玩要，很少和同伴一起玩。因为认识的局限性，他们还不理解、不重视成人和周围环境对他们的要求。有时看起来像是接受了成人的指导，但那往往正是他们自己想要做的；有时还表现为对成人或同伴的要求不服从、执拗，甚至是反抗。游戏的规则和成人的要求对他们而言并没有真正的约束力。他们时常随着自己的意图变更事件的规则，并且也不理解规则。成人看到突然高兴或者情绪低落的孩子，往往会莫名其妙、哭笑不得。幼儿以自我为中心的活动阶段，皮亚杰称为“单纯的个人规则阶段”。

心理学家怎么说

皮亚杰在研究中发现了学前幼儿的价值判断呈现出自我中心的特点。他观察到，年幼的儿童在一起玩弹子游戏时，他们虽然都在按照游戏规则进行比赛，但各自按照自己的想象去执行规则；他们各自玩着“自己的”游戏，一点儿也不理会对方。他们会不顾规则的规定，突然说自己赢了。皮亚杰认为，这是由于这一时期的幼儿还没有产生真正的社会交往和社会合作关系，他们还无法完全把自己的事和别人的事区别开，道德认知体现出明显的自我中心的特质。

皮亚杰还举过一个很形象的例子：两个男孩给妈妈买生日礼物，7 岁的哥哥挑选了一串珍珠，但是 3 岁的弟弟挑选了一辆玩具汽车。弟弟小心翼翼地给妈妈包好礼物，等待着妈妈的欢喜和表扬。显然弟弟还无法意识到妈妈与自己的兴趣是不同的，他的行为没有“自私”的含义，只是因为他的判断还处在自我中心的初级阶段。需要提醒的是，这里的“自我中心”不等同于“自私”，它没有褒贬趋向，它强调的是婴幼儿没有能力做任何道德决策，对他们来说，“正确就是对我而言的正确”。

另外，皮亚杰还证明了他所称的幼儿的自我中心言语，它是指刚学说话的幼儿对自己重复一些词句和声音的自语。他还断言道，除了有时幼儿可以轮流发表他们的小声明之外，幼儿在交谈中会大量地使用自我中心言语。比如，以下就是杰弗和茜茜的一组对话：

杰弗：“它是黑的。”

茜茜：“我必须马上回家。”

杰弗：“我要找个红色的。”

茜茜：“我渴了。”

杰弗：“我不喜欢黑色的。”

这是对话吗？不是，皮亚杰认为这仅仅是一个独白集。但是能够这样交流的幼儿，他们离可以进行具有非自我中心能力的真正的对话就已经不远了。

给幼儿教师的建议

一般来说，处于自我中心道德阶段的幼儿以小班和中班的（5岁以前）居多，对待这个年龄段的幼儿，教师应该注意以下几个方面。

（1）组织幼儿做摆脱自我中心的小游戏。利用幼儿喜欢做游戏的特点，在游戏的设计中有意地加入“去自我中心化”的目标。比如摸盒子的游戏，教师把手伸进盒子里做出有东西咬手“疼”的表情，然后把盒子给幼儿，看他怎么做，让幼儿从别人的经历中发现问题、思考问题、解决问题；又比如，可以做角色扮演的游戏，请幼儿扮演较简单的故事里的角色，甚至可以让幼儿自由发挥、延伸故事情节，体会故事中人物的喜怒哀乐。

（2）适当增加幼儿间的合作活动。皮亚杰认为，合作精神的培养是使幼儿摆脱自我中心的重要前提。幼儿生活范围的扩大、能力的增强，使他们有更多的机会在与别人的矛盾和冲突中，体会从不同角度去考虑问题。同时，在合作活动中，幼儿也可以通过模仿和榜样示范作用习得良好的行为。教师应该营造轻松的区域活动、和谐的墙面墙饰以及主题活动（譬如玩具分享、过家家）等，引导幼儿加入有多人参加的游戏和空间。

（3）行为规范具体化。自我中心的思维特征使幼儿无法理解抽象的指令，行为规范具体化不仅指要将“守纪律”具体化为“坐直了、抬起头、看这里”，还要要些能足够引起幼儿注意的小手段，比如使用大量的拟人化、拟声化语言：“啪啪啪（拍手）！请你跟我这样做（老师挺胸、手交叉放在桌上），你就跟我这样做（引导幼儿把注意力集中在老师身上，做出和老师一样的动作）！”

给家长的建议

5岁以前的幼儿在思维、道德判断上呈现出比较明显的自我中心的特点，家长常常会因为不了解这个年龄段的幼儿与成人的行为、想法迥异的原因，给出错误的回应，或者一直秉持着“想当然”的教育心态与孩子相处，无形中在很多方面伤害了孩子。父母应该注意哪些方面呢？不妨参照以下的几点建议。

（1）你是专业的父母吗？提到“专业”，家长会感到深奥，但是要做到“专业”其实并不难，只要秉持几个原则就行。

首先，专业的父母不给这一阶段幼儿的行为贴上道德的标签。教育家蒙台梭利说过：“年幼儿童没有是非感；他还生活在观念之外。事实上，我们并不认为他很坏或很邪恶，而只是认为他挺调皮，即他的行为很幼稚。”家长有时候会主观地想象，我的孩子是不是开始学坏了？这时候，应该回想一下，孩子是不是受了什么“伟大人物”（如动画里的人物、他崇拜的邻居大哥哥）的影响，他的初衷或许并不是要伤害别人，而是为了引起成人的注意、得到成人的赞扬，甚至是单纯的自我模仿来让自己沉浸在里面。这时父母的指责、质问，会给孩子负面的暗示，把孩子单纯的行为往“坏”里推。

其次，专业的父母发现孩子有问题时会先端正自己的行为。父母是孩子最直接的模仿对象，孩子偷懒、不讲信用、没有原则，是不是对应了爸爸妈妈的某些行为呢？发现孩子道德和行为习惯上的问题时，父母一定要先检讨自己。

最后，专业的父母能给予孩子稳定的情感回应。有些父母，心情好的时候会把孩子捧上天，心情不好的时候则对孩子或置之不理，或声色俱厉。专业的父母应该是这样的：即使心情再好，也不放弃原则（如要求孩子自己穿脱衣服、收拾玩具、按时休息起床），最多只给一个可调节的宽限（如延迟15分钟上床睡觉）；即使心情再低落，也对孩子有起码的情感回应，即使言语上无法保证高频率的回应，也会在肢体上让孩子感觉到父母对他的关注（比如给他一个鼓励的眼神或者适时地抚摩一下）。父母忽冷忽热的态度会让孩子怀疑自己，对父母产生不信任感，使其自我调适出现问题。

（2）你常常捉弄孩子吗？在幼儿自我中心的思维期，有一件让成人自娱自乐的事情：捉弄孩子。他们和孩子开出格的玩笑，利用孩子的“童言无忌”来取悦自己。这里，“捉弄”和“逗”不是同一个概念。“逗”是把孩子的快乐作为前提，而“捉弄”孩子却是成人居高临下地利用孩子的幼稚，故意让孩子犯错误、哭泣和害怕，目的是逗大人高兴。比如，有些成人不厌其烦地上演把孩子心爱的玩具扔掉、送给别人或者弄坏的戏码，让孩子说两句好听的话才肯把玩具还给他。这在大人眼里是小事，可对孩子来说却是大事。我国著名教育家陈鹤琴先生就坚决反对捉弄孩子，他认为和孩子玩也是德行教育，经常被捉弄的孩子会出现品德方面的缺陷。所以，父母和孩子开玩笑时要慎重。

重要参考

爸爸妈妈，请节制你们的权威！

皮亚杰说：“普通的父母就像一个不明智的政府，满足于法令的堆积，而不管这些法令的矛盾性，以及由这些堆积的法令所造成的不断增加的思想混乱。”他还说：“大家庭的道德教育更依赖于榜样的感染，而不是靠家长经常性的监督。”对幼儿滥用权威是危险的，只有正确运用权威的力量去引导才是明智的。

17. 结果比原因更重要
——皮亚杰的对偶故事研究

几个小故事

赔我的“可爱多”！

妈妈和琳琳之间有一条不成文的规定：如果没有特殊情况，琳琳答应妈妈的事一定要做到，妈妈会根据琳琳的表现做出适当的嘉奖。这一天，琳琳从幼儿园回来后心情不太好，虽然她昨天答应了要帮妈妈收拾拖鞋，但这会儿她坐在沙发上一声不吭，完全没有要行动的意思。看得出来，今天想要让琳琳完成这个任务不太可能了，但妈妈又不想乱了规矩，就说：“宝贝儿，你要是按照我们的约定把拖鞋收好了，我就带你去楼下买你最爱吃的可爱多冰激凌。”琳琳一听立马来了精神：“妈妈，这可是你说的哦！”她边说边放下书包，然后径直冲向鞋柜开始行动。一会儿的工夫，琳琳就整好了拖鞋，妈妈看了看，拖鞋放得歪歪扭扭，但对于才上大班的琳琳来说，也算足够用心了。

于是，母女俩高高兴兴地下楼来到小店。“叔叔，我想买可爱多！”琳琳兴冲冲地站在柜台外向里喊。叔叔俯身找了半天：“小朋友，真不巧，可爱多卖光了，要不要换个别的呀？”琳琳一下子就愣住了，隔了半天，突然大哭：“我要可爱多！我就要可爱多！你赔我的可爱多！”妈妈忙解释：“可爱多卖光了，叔叔也没办法，咱们换个别的吧！”一向乖巧的琳琳却完全不听妈妈的解释，又哭又甩胳膊，嘴里喊着只要可爱多。妈妈被琳琳闹得又无助又尴尬，无奈之下，只能带着她开车去远处的超市买了可爱多，这才止住了琳琳的眼泪。

好朋友翻了脸

曼曼和蓉蓉是一对亲密的好朋友，在幼儿园里常常形影不离。哪知，好朋友却因为一件小事情翻了脸。曼曼噘着嘴来到李老师处告状：

曼曼：“蓉蓉弄脏了我的画，也不向我道歉。李老师，我好生气啊，她算什么好朋友啊！”

蓉蓉：“我本来是想帮她把颜料水倒掉的，不小心打翻了瓶子，我没错！”

曼曼：“你弄脏了我的两张画，一张我可以原谅，两张不可以！”

蓉蓉：“可我不是故意的！”

曼曼：“可是我的画没了！走开，我不要和你做朋友！”

蓉蓉：“我也不要和你做朋友！”

爸爸和木木的过节

木木6岁了，爸爸认为儿子已经懂了不少事。这天，工作忙得焦头烂额的爸爸把木木叫过来：“儿子，去楼下帮爸爸买一个汉堡，然后放在微波炉里热一热，千万记住，别热过头了，不然很难吃的。”木木拿着钱，在便利店买了汉堡，从来没用过微波炉的木木小心翼翼地拧了时间旋钮，热好后捧着热腾腾的汉堡回家了。爸爸接过汉堡看了看，觉得有点不对劲，尝试着吃了一口，顿时怒火中烧，味道简直糟透了：“都说过了不要热过头！你没听到吗！这是热的什么玩意儿！”木木站在离爸爸十步远的门口，一动不敢动，“嗵”的一声，汉堡擦着木木的衣服被丢在了一旁的垃圾桶里。“走吧走吧，去干你自己的事情！”爸爸皱着眉，继续低头忙工作。而可怜的木木，抹着泪转身默默离开了爸爸的房间……

为什么会这样

以上三个故事，从不同的角度体现了一种道德认知的方式：在判断一件事情的是非对错时，结果比原因更重要。尤其表现为，幼儿不会将动机与后果综合起来考虑，只凭借行为的结果来判断行为的对错，认为后果严重的行为更坏。一般来说，8 岁以前孩子的道德认知水平会明显地表现出这个特征。

在第一个故事里，一向乖巧的琳琳只能看到“买不到”冰激凌的结果，而无法原谅“卖完了”这个原因，加上在幼儿园受了委屈，一时间情绪崩盘。无助的妈妈最终只能大费周章地去满足琳琳的要求。

第二个故事里，曼曼与蓉蓉这对好朋友的矛盾也说明了类似的问题。曼曼“大度”地说：“一张我可以原谅，两张不可以！”很显然，对于曼曼来说，无论蓉蓉出于什么样的原因弄坏了她的画，“数量”才是曼曼最关心的事。她还不能周全地把“不是故意”的原因与“两张画”的结果综合起来考量，而只是通过“两张”给蓉蓉行为的好坏下结论。

第三个故事里，主角不是木木小朋友，而是年逾三十的爸爸。爸爸不管木木还是个大班的孩子，更不管木木是否已经知道什么叫“加热过头”，拿过木木小心翼翼递来的汉堡，不加思考地做出一副震怒的样子，甚至还当着孩子的面把汉堡丢进垃圾桶，深深地伤害了年幼的木木，还浑然不觉。其实只要爸爸仔细想想，就会意识到丢汉堡的不妥之处，但他没有，他忙于工作，无暇顾及其他。这位爸爸的行为体现出的道德认知方式和 8 岁以前的孩子极为相似：结果比原因更重要！

心理学家怎么说

皮亚杰使用对偶故事法对幼儿的道德发展阶段进行研究，发现 8 岁以前幼儿的道德认知有一个显著的特点：他们在判断一件事情的好坏程度时，认为结果比原因更重要。

什么是对偶故事法呢？这是皮亚杰研究道德判断时采用的一种方法。他向幼儿讲述一些有关道德方面的故事，然后对他们进行提问。利用这种难题测定儿童是依据对物品的损坏结果还是依据主人公的行为动机做出道德判断。由于皮亚杰每次都是以成对的故事测试儿童，因此，这种方法被称为对偶故事法。以下是一个经典的对偶故事。

（1）一个叫约翰的小男孩在自己的房间，家里人叫他去吃饭，他走进餐厅时并不知道门背后有一把椅子，椅子上还有一个放着 15 只杯子的托盘。他推门进去，门撞倒了椅子，结果 15 只杯子都摔碎了。

（2）有一个叫亨利的小男孩，有一天妈妈外出了，只有他一个人在家。他想偷偷地从橱柜里拿出一些果酱来吃。他爬到一把椅子上并伸手去拿。由于放果酱的地方太高，他的手臂够不着。在试图取果酱时，他碰倒了一个杯子，结果杯子掉下来打碎了。

故事讲完之后，皮亚杰向幼儿提出两个问题：

（1）这两个小孩是否感到同样的内疚？

（2）这两个小孩哪一个更不好？为什么？

皮亚杰发现年幼的儿童多数认为约翰的过失更大，因为他打破了更多的杯子；而年龄大一些的儿童则判断亨利的过失更大，因为他想偷拿果酱。基于这样的研究，皮亚杰指出，8 岁以前的幼儿往往只从结果的角度来考虑对错或严重程度，而不会从做事的动机去看问题。他同时指出，孩子的思维之所以停留在只重结果的程度，除了受到他们思维发展水平的限制外，还有一个主要的原因就是：父母经常只是根据物质被损坏的程度来责骂孩子。

根据皮亚杰的研究和结论，可以总结出幼儿道德判断的一些特点：

（1）幼儿过多地依据行为的结果而不是行为的动机做出道德判断；

（2）幼儿的道德认知和道德情感出现脱节的现象；

（3）幼儿的道德标准是受到成人的标准控制的。

给幼儿教师的建议

给幼儿提供切实的道德教育是学前教育的一个重要任务，教师要充分考虑到幼儿道德思维的方式，实施真正有效的道德教育。具体建议如下：

(1) 巧用对偶故事法实施道德教育。教师自己也可以编写类似于皮亚杰研究时所用的经典对偶故事，让幼儿对故事中人物的行为做出判断，并且追问判断根据，使他们在讨论中逐渐提升道德认知水平。这里提供另外一个改编的对偶故事：（镜头1）林林很想帮妈妈做家务，于是就主动去端盘子，可是他在端盘子时不小心摔了一跤，结果把10个盘子都打碎了；（镜头2）小玉很喜欢吃蛋糕。妈妈告诉她一天只可以吃1块，不能多吃。可是小玉还想吃，于是就趁妈妈出门买菜时偷吃了1块，结果不小心将橱柜中的一个盘子打碎了。提问：以上两个孩子，你觉得哪个孩子更不好呢？

(2) 合理看待幼儿的告状行为，耐心处理幼儿的同伴冲突问题。因为幼儿常常不能理解同伴的意图，只关注同伴的行为给自己带来的结果，所以同伴交往时的摩擦和矛盾比成人要多很多。就像第二个故事里，教师在遇到类似曼曼和蓉蓉这样的同伴冲突问题时，该怎么做呢？首先，需要安抚曼曼的情绪，表示共情："曼曼，老师很理解你辛苦画好的画被弄坏的心情，一定很糟糕。"其次，引导幼儿换位思考："但是，老师常常看到你和蓉蓉互相帮助，如果今天你为了帮好朋友的忙而弄坏了她的画，惹得她很生气，你是不是心里也特别委屈？"接着，看到曼曼情绪缓和下来时，趁热打铁，搬出偶像，促成和解。老师可以试着这样说："问题在于蓉蓉并不是故意的，我们是不是应该就像豁达的机器猫一样，总是原谅好朋友大雄的小错误呢？"教师理解幼儿的行为在先，耐心引导价值判断在后，这样的德育工作更细致有效。

给家长的建议

德育工作的重头戏更多地在于家庭，父母在道德问题上的态度和方法对幼儿养成良好的道德品质有着极其重要的影响。从幼儿只重结果而不重原因的道德认知方式来看，给幼儿的父母提出如下三点建议。

（1）正确看待孩子的无理取闹行为。切记：不是所有的无理取闹都是无理的！成人和幼儿认识世界的方式不一样，用成人的判断标准去量度幼儿有欠考虑。例如第一个故事里的琳琳，很多妈妈在遇到这种情况时，最爱讲的一句话就是："你这孩子！怎么这么不懂事呢！"无视孩子思考问题的方式，父母就可能会"以暴易暴"，造成恶性循环，最终给孩子带来伤害。

（2）切忌简单粗暴的教养方式。第三个故事里，木木的爸爸就是典型的这类家长。幼儿的这种只重结果而不重原因的思维模式体现在父母身上时，就表现为简单粗暴。如果能认识到幼儿的思维是由于不成熟所致，那么做父母的是不是发现自己的一些做法也存在着不成熟的问题呢？现实中，父母应该既理解孩子，也防止自己像孩子一样办事。

（3）脱下惩罚的恐怖外衣。父母不应该以物质损坏的程度作为处罚的唯一标准。责备孩子前，要先考虑一下：孩子做事的动机是不是好的。如果孩子是出于好心，则要肯定和赞扬他的善意，并鼓励他继续做下去，然后再引导孩子如何把事情做好。如果孩子的动机是错的，则要明确指出错在哪里，让孩子懂得是非和对错。父母盲目地惩罚孩子，使孩子产生强烈的不安全感，反过来只会抑制孩子道德判断水平的发展。

重要参考

惩罚的负面影响

惩罚带来的影响有时与意图相反。心理学家发现：因侵犯性行为而受到父母惩罚的孩子更可能表现出侵犯性；因"行为不端"而遭到惩罚的孩子更可能出现行为障碍，他们以后更有可能惩罚自己的孩子，这是一种代际传递。

18. 所有的幼儿都喜欢被赞扬

——幼儿自我概念的建立

几个小故事

胜胜变了一个人

胜胜是个特别捣蛋的孩子，常常让张老师头疼不已。这个星期一，胜胜来到幼儿园，向张老师问好后，还跟在张老师的屁股后面讲了一堆星期天的开心事。张老师边听，边盼着他今天能乖一点儿，别惹什么麻烦。胜胜讲完后，张老师表扬了他，他高兴地走到座位上坐了下来。

上午小朋友们开始区域活动了，胜胜一会儿帮小朋友捡起地上的玩具，一会儿帮小朋友扶起小椅子，张老师看到他的进步，不禁在班里表扬了他："今天胜胜小朋友表现真好！"上课了，胜胜的眼睛认真地看着老师，还积极地举手，没有唱他的专属歌曲，也没有捣乱，张老师又忍不住一连在全班幼儿面前表扬了他两次，他显得非常高兴。放学了，张老师听到胜胜迫不及待地跟妈妈说："老师表扬我了，说我听话了。"张老师听了孩子的话，突然意识到是自己以前光盯着胜胜给别人带来的麻烦，常常批评他，疏忽了孩子喜欢被表扬的心理。

以后的几天里，胜胜像变了一个人，不捣蛋了，听话了许多，而张老师也更加愿意表扬他了。

别人家的孩子

妈妈带着上大班的妞妞到楼下玩，看到二楼的阿姨和上了学前班的甜甜也在下面，就和阿姨聊了起来，两个孩子则玩在一起。二楼的阿姨说：“你看，你家妞妞比我家的甜甜还小 1 岁，喝水、穿衣服、拿书包都特别自觉，不用你操心，不像我女儿那么调皮，老师说她上课坐不住，写作业粗心马虎，眼瞅着就要上小学了，可愁死我了！”妈妈听了不甘示弱，也开始数落妞妞：“你家甜甜每天回家还练钢琴呢，一弹就是两个小时；妞妞可不行，一点儿不喜欢弹钢琴，弹 10 分钟就叫苦，真是后悔给她买钢琴。”一旁的妞妞听了可不高兴了，走过来冲着妈妈说：“妈妈，你们大人为什么总是爱表扬别人家的孩子呢？你觉得我和姐姐谁好？我不好吗？老师还表扬我聪明大方、乐于助人呢，让别的小朋友向我学习。你怎么不多表扬我呢？”这番话让两位妈妈好不尴尬，妞妞的妈妈顿了顿说：“你也很不错，以后我改正。”妞妞悻悻地一转身，没事儿人似的又玩去了，倒是妈妈像被噎了一下……

说不得的大小姐

宁宁 3 岁半了，妈妈发现她现在特别爱听表扬的话，在幼儿园里做了不该小孩子帮忙的事情，被老师批评了，或是被说了几句就大哭，回到家还一脸委屈：“我不去幼儿园了，老师会骂我，我今天明明帮老师……”听得出来宁宁是给老师帮了倒忙了，老师只是语气重了一点儿，任妈妈再三解释，宁宁还是一副很委屈的样子。同时，宁宁在家也开始顶撞大人，变成了一个说不得的大小姐，遇到事情只要表扬不要批评。妈妈深感无力，觉得 3 岁的叛逆期还真是个难题……

为什么会这样

胜胜、妞妞、宁宁这种渴望得到赞扬的心态，说明了幼儿心理发展过程中的一个共同现象：幼儿自我概念的建立。所谓幼儿的自我概念，是指幼儿对自己的认识和评价，它是幼儿社会性发展的重要组成部分，对幼儿的自信心、自尊心以及对人、对事的态度和行为都有很大的影响。幼儿在两岁左右时，根据别人对自己的表情、评价和态度来了解和评价自己，逐渐形成自我概念。在整个幼儿期，幼儿还不能进行独立的自我评价，他们自我概念的形成具有依赖他人评价的显著特点，成人作为幼儿发展的“重要他人”，对幼儿自我概念的形成和发展具有非常重要的作用。

比如胜胜，他内心里需要别人的肯定来获得自我的满足感，所以一旦张老师表扬了他，他就加倍努力来讨得张老师的喜欢，以此得到更多的表扬，这让他觉得自己与别人不一样，是有能力的小朋友。

在学校里频繁得到老师表扬的妞妞，在妈妈这里却总是被拿来和别人家的小孩做对比，一边是赞扬，一边是打压，渴望积极的自我认同的妞妞自然不能接受妈妈这样“不公平”的待遇，一语说中了妈妈心里的“小九九”，为自己争取到了重要他人的认可。

至于宁宁，长期处在被大人们宠坏了的环境里，形成了“做事情”就“要表扬”的条件反射，建立了“我必须是一个应该受到重视的人”的自我概念，一旦被批评了，自我概念就受到了挑衅，于是就大哭。宁宁的妈妈要想改变这样的现状，就应该重新调整表扬宁宁的尺度，把宁宁的自我概念纠正过来。

心理学家怎么说

自我概念的研究，最早可以追溯到 19 世纪，由美国的心理学先驱威廉·詹姆斯提出。后人在他的研究基础上有了不同程度的发展，但直到罗杰斯的自我理论研究得到人们的广泛关注后，自我概念才重新被人们重视。

研究者认为，人的自我概念不是与生俱来的，而是在后天的生活和环境中建立与发展起来的。在婴幼儿时期，婴幼儿的自我概念是通过和成人的相互交往而逐渐建立和发展起来的。婴儿最早的时候不能区分人与物、物与我，新生儿甚至都不知道身体是他的一部分。随着自己的不断探索，婴儿发现手碰到脚时，手和脚都有感觉；而手碰到玩具熊时，却只有手上有感觉；成人抱他、摇动他以及各种与身体接触有关的经验，让婴儿开始意识到自己身体的存在，认识到手和脚是自己的一部分，而玩具熊不是。

伴随着幼儿对身体自我意识的形成和发展，以及幼儿活动范围的扩大、与人接触机会的增多，幼儿会越来越表现出自主性和独立性。两岁左右时，幼儿开始认识心理上的自我。他开始模仿成人的行为，把自己的行为对象化，如果周围环境对他有限制或干涉，他就会表现出反抗。3岁左右的幼儿对自己独立做事产生满足感，有了最初的自尊。在与同伴的交往中，通过与同龄伙伴的比较和不断接受成人的批评，幼儿对自己的认识更明确。在这种不断明确中，幼儿形成了一个轮廓更为清晰的自我概念。

在婴幼儿时期，积极的自我概念主要包括以下内容：

（1）觉得自己是有价值的人，受到别人的重视；

（2）觉得自己是有能力的人，可以操纵周围世界；

（3）觉得自己是独特的人，受到别人的爱护和尊重。

幼儿的自我概念影响着人格的形成，制约着人格的发展方向，健康、积极的自我概念是促进健康人格形成的重要动力。在婴幼儿时期形成积极的自我概念，可使幼儿在成长过程中对自己和周围的事物有正确的态度，容易建立良好的人际关系，对学习有兴趣，情绪稳定。如果形成消极的自我概念，对自己没有信心，对世界缺乏兴趣，消极情绪多，会影响幼儿各方面的发展。美国婚姻、家庭和儿童问题专家多萝西·科布尔·布里格斯在《人生的钥匙》一书的首篇就曾明确指出：“责任心强的孩子或成人与浑浑噩噩混过一生的人是根本不同的，这种不同就在于他对自己所持的态度和自尊的程度。”

给幼儿教师的建议

为帮助幼儿发展健全的人格，幼儿教师在教学和与幼儿的相处过程中，应该关注幼儿积极的自我概念的塑造。具体建议如下。

（1）掌握表扬的艺术。特级教师王兰说过：“不是聪明的孩子常受表扬，而是表扬会使孩子更聪明。”作为幼儿的启蒙导师，幼儿教师不仅应知道表扬对幼儿是一种有效的强化剂，还应知道表扬也是有艺术的。首先，表扬要具体，比如，“欣欣，我喜欢你折的纸鹤”就比“你做得不错”会让幼儿产生更大的满足感；其次，表扬要掌握节奏，在培养幼儿养成良好的习惯时，教师一旦发现幼儿进步了，一定要瞅准时机着力表扬。慢慢地，当幼儿在教师的表扬声中养成了习惯时就减少表扬的次数，并且延长表扬的间隔时间，避免让幼儿刻意追求表扬。

（2）掌握批评的艺术。只有表扬、没有批评的教育是不可想象的，教师一定要让幼儿感觉到你的惩戒是必需的和善良的，可是又不能让他们把惩戒当成儿戏。要把握好这中间的尺度，就需要掌握批评的艺术了。比如，洋洋撕坏了图书馆里的书，教师选择在独处的空间与洋洋对话：“洋洋，你告诉老师把书撕坏是你的木意吗？你愿意用什么方法来补救呢？”只与洋洋谈论书的事，不把矛头指向洋洋本人，让他感受到老师的诚意，同时引导他对自己的行为负责。

（3）鼓励幼儿的同伴交往。幼儿常常以自我为中心，同伴交往时容易发生冲突，教师可以通过介入解决幼儿间的冲突，帮助幼儿寻找积极的沟通方式（诸如合作、分享、商量等），使幼儿实现自我调节，形成积极的自我概念。比如，教师可以在课程中设置诸如“要是大家只有一张桌子怎么办？”的讨论环节，或者加入“今天妮妮生病了”的角色扮演游戏，引导幼儿从他人的角度来看问题。

给家长的建议

幼儿积极的自我概念的建立与家庭教育有着密切的关系，父母一方面要意识到帮助孩子建立积极的自我概念的重要性，另一方面要科学地把握个中的“度”。具体建议如下。

（1）满足孩子爱和尊重的需要。父母对孩子要求过高、把孩子与其他孩子进行过多的对比或者对孩子过分保护，都不能使孩子感觉到爱和尊重。要满足孩子爱和尊重的需求，父母就要与孩子真心诚意地进行感情交流。

比如，孩子诉说自己的悲伤时，父母应投以专注的目光，最好与孩子有肢体上的接触，拉拉孩子的手或者摸摸孩子的头都可以，让孩子感受到自己是被尊重的人、是对别人有价值的人。孩子感受到父母对自己的关心和爱护，他就会模仿父母，喜欢自己，并且对自己充满信心。

（2）给孩子创造成功的机会。有些父母对孩子过分溺爱，凡事包办代替，剥夺了孩子自主探索的机会。父母应该让孩子做力所能及的事情，对其成功给予肯定，给孩子自我感觉的发展提供充足的时间和空间。例如，穿脱衣服、上厕所、洗手、提书包等孩子可以独立完成的事情，父母要果断地让孩子自己做，并及时对孩子的进步做出反馈："嘿！小伙子，你现在穿衣服比爸爸还快啊！"

（3）赏识教育。孩子远远比父母想象的敏感，他能理解父母传递的信息中潜在的含义。比如"萧萧，你自己做决定"，表面听起来只是给了萧萧自己做决定的机会，但在萧萧看来，她可以听出是妈妈认为"我有能力做决定"。如果父母能正确地运用赏识教育的方法，在言辞中传达出信任和赞许的信息，让孩子常常感受到自己是"有能力""有价值""有影响力"的，那么孩子对自我的评价也会像父母期望的那样积极。

（4）切忌过度表扬。很多父母把赏识教育和过度表扬等同起来，培养出了大小姐和大少爷，这样的孩子过分看重表扬，承受挫折的能力几乎为零。为了避免这样的事情发生，父母一定要把好"表扬关"和"批评关"，这一点可以参照"给幼儿教师的建议"。

重要参考

罗森塔尔效应

1968年美国哈佛大学心理学家罗森塔尔进行了著名的课堂实验研究。他给所有的学生发了一张“预测未来发展”的试卷，然后随机抽取其中20%的学生，把他们的名单交给课任老师，告诉老师说这些孩子天资聪颖、潜力巨大。8个月后，他再次对所有的学生进行同样的测验，结果发现当初被他选中的那部分学生的成绩有了很大的提高，明显好于剩下的80%。

这个实验值得人们关注的是，那20%的学生是随机抽取的，刚开始时和其他80%的学生没有任何差异，8个月后他们之间的差异是什么造成的呢？罗森塔尔的答案是，这些学生的差异来自教师对学生的不同期望。

19. 我能行

——幼儿开始发展掌控自己的能力

几个小故事

我就是要这个玩具

周末，爸爸、妈妈带着云云逛超市买东西，经过玩具区时，云云被一套漂亮的积木吸引住，再也不肯走了，她想让爸爸妈妈把积木买下来。可是家里已经有一套积木了，爸爸妈妈不同意。妈妈和云云商量:“云云，要不咱们换一个吧，不要积木了，买个小马车好不好？”云云急得直跺脚:“不要！我就是要这个玩具！”爸爸生气了:“不能买就是不能买，你不走，我和妈妈走，你自己待在这儿。”云云听了，蹲在地上哭起来。

不哭，不哭

晚上，爸爸给溜溜讲故事。说到动物园里的大猩猩，溜溜指着书上的猩猩图片问爸爸:“猩猩会叫吗？”爸爸说:“会啊！就像这样。”爸爸给溜溜模仿起了大猩猩，他两手撑地，还冲溜溜吼了一声:“猩猩来了。”溜溜可吓坏了，嘴角往下撇，眼眶泛红，眼泪都快出来了。爸爸连忙安慰道:“溜溜，是爸爸呀，不是大猩猩。”溜溜对自己说:“是爸爸，溜溜不哭，不哭……”还试图冲爸爸笑，可还是忍不住大哭起来。

请你坐在点点上

小（3）班的活动室地板上，贴有许多点点。老师教小朋友们学本领的时候，小朋友们就各自找一个点点坐下。可是，每当这个时候，总能看到几个“不安分”的孩子。比如这天，老师给小朋友们讲故事，讲着讲着，亮亮开始时不时地站起来向四周张望，还揪揪自己的衣角。老师示意亮亮坐下。过了不久，阿哲也站起来了，还很有兴致地玩起了旁边馨馨的小辫子，接着又跑去玩另外一个女孩的小辫子。于是老师发话了：“阿哲，请你坐在点点上！”

为什么会这样

上面提到的云云、溜溜、亮亮和阿哲的故事，反映的是幼儿自我意识发展的一个重要方面——自我控制能力。自我控制即一个人为了完成一定的活动目标而适时地调节个人的情绪、行为以及其他活动。幼儿阶段正是发展自我控制能力的重要阶段。

第一个故事中的云云，还不能根据现实情况调节好自己的行为。虽然爸爸、妈妈跟她说家里已经有一套积木了，不能再买。但是，对她来说，眼前这套积木是她喜欢的，她现在就要拥有它，无法等待。

第二个故事中的溜溜已经有一定的自我控制情绪的意识，他知道爸爸不是大猩猩，也试图通过语言调节自己的情绪，但是他还太小，自我控制情绪的能力还不强，最后还是忍不住大哭起来。

第三个故事中的亮亮和阿哲在老师讲故事的过程中分心了，自顾自地玩起来。小班幼儿能保持注意力的时间还不长，一般不超过 15 分钟，对他们来说，即使再精彩的故事，听着听着，他们也会忍不住分心，将老师的要求抛到九霄云外。

心理学家怎么说

美国心理学家沃尔特•米歇尔在20世纪六七十年代设计了一个经典实验——延迟满足实验，用于研究儿童延迟满足的能力。延迟满足是指为了获得长远的利益或奖励而延缓当前的奖励或需要的满足，可理解为“忍耐力”，是自我控制能力的一种表现。

沃尔特·米歇尔的延迟满足实验

这个研究是在斯坦福大学里的一个幼儿园展开的。实验者给每名儿童一颗可口的软糖，告诉这些儿童，如果他们现在就吃糖，只能吃一颗，如果他们等15分钟，等到实验者回来再吃糖，则可以再得到一颗糖作为奖励，加起来可以吃到两颗糖。

给孩子交代完要求，实验者就离开房间了。之后，实验者开始观察孩子们的不同反应：有的小孩毫无耐心，实验者刚离开就立刻把糖吃掉了；有的小孩则努力地转移自己的注意力，有的自言自语，有的唱歌，有的用手挡住自己的眼睛，假装看不到软糖，有的若有所思，或揪自己的小辫子，或轻轻用手小心地打着糖，好像是发现了上面有只小昆虫一样。经过“艰难”的等待，最后有1/3的孩子如愿得到了奖励，吃到了两颗软糖。

实验并没有就此结束。在这批孩子30多岁的时候，米歇尔和其他研究人员又进行了追踪研究，发现当初不能坚持等待的孩子和坚持等待的孩子在个性发展方面表现出很大的不同。“不等待的孩子”更多地显示出孤僻、易固执、易受挫、优柔寡断的倾向；“等待的孩子”则较多地表现出自信、独立、适应性强、受人欢迎等品质。

这个实验提供了一个很好的启示：那些能够延迟吃软糖的孩子，自我控制能力更强，即使是在没有外界监督的情况下，也能尝试用各种方法有效地控制和调节自己的行为，抵挡糖的诱惑，抑制吃糖的冲动，这种自我控制的能力成为孩子以后发展的重要基础，帮助他们发展了更加健康的人格。

给幼儿教师的建议

幼儿很难通过语言理解什么是自我控制。这就需要教师在日常活动中为他们树立榜样，耐心地包容，通过不同的活动发展幼儿的自我控制能力。

（1）为幼儿树立榜样。作为幼儿眼前活生生的榜样，教师的举手投足，都被幼儿看在眼里，记在心里。教师自己是否在幼儿面前容易发脾气？当幼儿做错事，当自己遇到生活的难题时，教师能否知觉到自己的情绪，控制好自己的情绪和行为？能否用恰当的语言表达自己的情绪？教师需不断反思自己的行为给幼儿带来的影响并及时调整，有意识地给幼儿树立起正面的榜样形象。

（2）约定班级常规。教师可以和幼儿一起约定常规，然后互相监督，共同遵守。一日生活活动的常规如喝水、如厕的时候要排队，吃饭的时候不说话、不玩耍，不在活动室里乱扔垃圾等；游戏常规如玩游戏时爱护玩具，游戏结束之后收拾玩具，将玩具送回“家”；交往常规如同伴友好相处，互相分享，不打骂他人，不随便拿别人的东西等。

（3）了解幼儿的特点，树立个性化行为目标。在同一个班级中，幼儿的发展水平和特点可能很不一样。教师需先观察了解，同一个活动，不同的幼儿能做什么、做到什么程度，再针对幼儿的特点为他们设立适宜的行为目标，切忌“一刀切”——用同一个尺度衡量所有的幼儿。

（4）设计有利于培养幼儿自控能力的游戏。角色扮演、体育活动或其他可以让幼儿处于安静、等待状态的游戏都有利于发展幼儿的自控能力。角色扮演可以让幼儿在角色中调节自己的情绪、表情、动作等。体育活动如“老狼老狼几点钟”，扮演老狼的幼儿要等到天黑才可以跑来跑去抓小羊，扮演小羊的幼儿白天则可以到处跑来跑去玩耍，而一到天黑就要躲起来以免被老狼抓着，这就训练了幼儿“等待”的能力。其他类似的游戏如“交通警察”“哨兵站岗”“我们都是木头人”等，都是很好的选择。

（5）善用奖励措施。一个小贴纸，或是用手指在幼儿额头上盖个“小印章”，或是与幼儿轻轻地击掌等，都很容易让幼儿开心、满足。给予幼儿奖励的同时，说明奖励的理由，如“刚刚活动的时候你乖乖坐了很久，没有乱跑，很好哦，老师给你盖个小印章”。

（6）给幼儿设置一个发泄情绪的环境。在活动室里面专门设置一个温馨的角落，放上坐垫、娃娃，拉上小帘子，作为让幼儿宣泄情绪的地方。告诉幼儿，当他们心情不好的时候，可以待在这里“静一静”，或者尽情地哭。但这个角落必须是教师能随时看到的地方，利于教师随时观察，以免发生意外。

给家长的建议

在儿童早期，社会技能的发展比学业的发展更重要。孩子自我控制能力的发展，需要父母用爱和耐心不断地包容孩子的不足，引导他进步。父母可以试试以下方法。

（1）榜样作用。孩子有一双雪亮的眼睛，能从观察父母对待他人的方式中学习怎样对待他人，因此家长平时也要控制好自己的情绪。如果孩子一做错事，父母就火冒三丈，暴跳如雷，将孩子训斥一通，那么怎么可以要求孩子学会心平气和地表达内心的想法和感受呢？

（2）确立并坚持一些原则。如教导孩子，当爸爸、妈妈叫到他的名字时，不要在远处大声回应，而要走几步，到爸爸、妈妈跟前，跟爸爸、妈妈近距离交谈。让孩子知道，当有需要的时候，应该暂停手头上的事情如诱人的游戏、玩具或电视节目。

（3）教导孩子坦然地面对批评。有的孩子被指出缺点之后，喜欢发脾气或是用其他不好的态度来回应。告诉孩子，在生活中，每个人都应该遵循一些规则。面对批评和纠正时，要虚心接受，不能有过激的反对行为。

（4）及时褒奖孩子的好行为。孩子很需要被认可和表扬。父母可以制作一个表格，孩子每出现一次好行为就在表格上画一颗星星或是一面小红旗，累积到一定数量时可以让孩子兑换他想要的东西。当孩子表现出良好的自控能力时，父母应及时给孩子反馈。

（5）在生活常规中发展孩子的自我控制能力。例如，有的孩子醒得比爸爸妈妈早，就得要求孩子保持安静，不打扰到爸爸妈妈的睡眠。相反，有的孩子经常不愿意起床，帮助孩子从"起床困难"中解脱出来也是发展自我控制能力的机会。

（6）设置家庭小小发泄区。可以在家中划定一个区域，可以是大人能随时看到的、安全的小角落，或是一小面墙，与孩子一起布置，作为孩子的"小小发泄区"。当孩子有情绪或是有心事的时候，可以安静地待着，可以哭，也可以在墙上画画作为宣泄。

重要参考

儿童早期自我控制的几个重要发展阶段

儿童自我控制的发展经历了较长的发展阶段。从出生到 3 岁，儿童还没有能力控制好自己的情绪和行为，大多数时候需要父母和保育者的帮助。3—6 岁期间，儿童自我控制的多个方面都逐渐发展起来，如控制坏情绪、转移注意力和等待奖励等。

25—30 个月：使用语言代替动作来表达需求是这个阶段的孩子自我控制发展的一大特征。他们不仅学着用"说"来表达自己要什么，也学着用"说"来指导自己的行为，如爬楼梯的时候会一次次地跟自己强调"要小心，要小心"。在这一时期，可以多鼓励、表扬孩子，促进他们良好行为和能力的发展。

31—36 个月：这个阶段的孩子对“等待”“未来”有一定的理解，也具有了一定水平的“预见”能力，如在排队的时候，他们可以预见自己终究会排到。尽管如此，父母还是得跟他们强调要耐心等待。另外，这个阶段的孩子已开始发展起“同理心”，父母可以引导孩子换位思考。

3—6 岁：这是孩子自我控制能力发展的重要时期，他们渐渐懂得约束自己的行为，如不和其他小朋友抢图书、抢玩具。特别是随着年龄增长，为了得到同伴的认同，获得友谊，他们也会有意识地控制自己的行为。然而，这些发展大多还依赖于对教师和父母行为的观察和模仿，因此，教师和父母一定要做出好的榜样。

20. 幼儿比我们想象的敏感

——幼儿自尊的发展

几个小故事

妈妈骂我

3岁的皮皮是家里的小宝贝，大人们都觉得他很懂事，心思细腻，就是有时很敏感。一天，姥姥、姥爷带皮皮在小区里玩沙子，皮皮不小心把沙子扬到邻居张爷爷的脚上了，张爷爷笑着说："你个臭小子，怎么弄了我一鞋啊？"皮皮当时就愣着不动了，眼里含着泪花就要往下掉。张爷爷赶紧安慰道："没事没事，我和你闹着玩儿呢！"平时在家的时候，皮皮如果犯了比较大的错误，只要妈妈大声嚷嚷，皮皮就会委屈地哭着说："妈妈骂我。"

要强的嘟嘟

嘟嘟是个很要强的孩子，不论做什么事情，一旦做不好就很沮丧，即使是和爸爸、妈妈一起玩牌，输了都要掉眼泪。有时候画画没画好，他也会气得把笔乱扔。有一次嘟嘟和妈妈一起在小区里踩车玩，嘟嘟踩的是小三轮车，妈妈踩的是两个轮子的自行车，绕了几圈之后，嘟嘟不高兴地嘟哝道："为什么我骑不了两个轮子的？"

她不和我玩

周末，淘淘和妈妈一起逛童装店。妈妈觉得这家店物美价廉，准备好好地看一看。刚好店里有几个小朋友正玩得开心，淘淘也想玩，于是妈妈鼓励淘淘加入他们。淘淘高兴地跑过去和小朋友们打招呼，没过几分钟，淘淘便飞快地跑回妈妈身边，妈妈还来不及问是怎么回事，淘淘就哇哇大哭。原来，其中有个小朋友不愿意和淘淘一起玩。妈妈抱抱淘淘，摸摸她的头，又安慰她，给她讲道理，淘淘才平静下来。

为什么会这样

以上三个小故事都与儿童的自尊有关。自尊是指一个人对自己的能力和价值的评价性情感体验。能力使孩子产生自信心，价值让孩子有一种感觉——“我是重要的、有意义的或是受尊重的”。

第一个故事中，皮皮的价值感来自大人的接纳和喜爱，他平时一定是想尽办法好好表现，因此在大人眼中他是个“懂事的孩子”。当受到妈妈和爷爷的批评和责备时，他会产生一种不被接纳、不被喜欢的感觉，价值感受到打击，就难免伤心了。

第二个故事中的嘟嘟显然对自己的能力不满意，有点“气急败坏”。处在幼儿期的嘟嘟，对自我能力的认识还停留在具体行为层面上，如“我会不会打牌”“我会不会骑自行车”。不管是打牌还是骑自行车，在与爸爸、妈妈相比时，嘟嘟都“被比下去了”，这让他觉得自己“不会”“不行”，情绪很低落。

随着年龄的增长，儿童的价值感不再仅仅来自父母的接纳和喜爱，同伴对他们的态度和评价也很重要。第三个故事中的淘淘兴高采烈地请求加入游戏却被无情地拒绝，她可能觉得是自己不好或是哪里做错了，小伙伴才会不喜欢她，因而既难过又羞愧。

心理学家怎么说

儿童自尊的形成包括能力感和价值感的形成，这是一个社会化的过程。那么，儿童的能力感和价值感是怎么发展起来的呢？

儿童的能力感最早起源于婴儿期的掌控感。勒维斯（Lewis）等人采用视觉识别范式研究婴儿的自我意识，实验时将镜子立在婴儿面前，婴儿看着镜子中的图像，做各种动作。研究者发现，婴儿能意识到自己的身体运动将引起镜子中的图像的移动，进而把自己推断成一种积极、能动的力量。渐渐地，当婴儿能够伸手够、抓或移动物体时，会有一种“我能使物体运动”的能力感。不只是婴儿自己身体的能动作用，婴儿对母亲等看护者发出的信号得到的回应也能使婴儿获得掌控感。从婴儿到幼儿阶段，儿童的自我认知不断发展，他们掌握的能力逐渐多样化，但在这一阶段，他们对自我能力的认识还停留在具体行为层面，如“我会踩单车”“我会搭积木”等。这时，成人评价和社会比较对儿童能力感的获得起着重要的作用，这些评价和反馈让儿童鉴别出自己能力的高低，并逐渐提高自我评价的能力，也在评价中体验着积极或消极的情绪。

在婴儿期，儿童的价值感多来自养育者（母亲）的接纳和喜爱。随着社会化发展，儿童的价值感更多来自社会性交往，并逐渐学会依据社会价值标准来评价自己能力的发挥，产生积极或消极的情绪体验，获得价值感或无价值感。如果儿童的行为得到了他人的肯定或赞扬，他们就会认为自己的行为是好的，进而获得价值感，感到喜悦、自豪。反之，如果儿童的行为得到的是他人的否定和批评，他们可能就会获得无价值感，产生悲伤、羞愧等负面情绪。在幼儿阶段，成人与同伴的评价是儿童价值感的重要来源。

给幼儿教师的建议

在一个班级中，幼儿自尊的发展各有不同。班级的集体学习和生活环境，给了幼儿一个互相参考、互相比较的机会，这需要教师引导幼儿了解自己的长处和不足，学习客观地认识和评价自己。具体可从以下几个方面着手。

（1）在幼儿取得进步时不吝表扬。幼儿需要通过大人的反馈来评价自己的能力。根据幼儿自身的发展水平，在他们取得进步的时候及时给予表扬，幼儿会把这些表扬记在心上，“保存起来”。如幼儿在传皮球的时候传得很准，老师可以说：“你刚刚传球的时候都能传到其他小朋友那里，球都没有跑到圈圈外面去，很好哦！”

（2）引导幼儿自我鼓励。自我鼓励对幼儿做每件事都很重要，引导幼儿学会自我鼓励以帮助幼儿更有信心地面对任务和难题。如“我再坚持一下下，一定可以做好的。”“我很棒！”“我要加油！”等。这些积极的暗示和鼓励也可以提高幼儿的自尊。

（3）巧用批评。幼儿在活动中难免会犯一些错误或是有做得不好的地方。教师要注意，不要使用嘲笑或侮辱性的字眼批评幼儿，让幼儿觉得难堪和愧疚。给幼儿警告和批评时，可多从教师自身的意愿出发，如“我希望你下次吃饭的时候可以保持桌面干净”，而不是“你怎么那么不爱干净，每次吃饭都把桌子搞得那么脏！”。

（4）给幼儿创造“价值感”。幼儿在班级群体中生活，很需要得到老师和同伴的认可。教师可根据不同幼儿的发展水平，为幼儿创造体验成功的机会。如在演示活动中请幼儿来做老师的小帮手，或是鼓励幼儿在生活和游戏中互相帮助，让幼儿体会到自己在老师和同伴群体中被认可、接纳。

（5）在班级中树立榜样。幼儿需要一个标杆，通过与标杆进行比较来认识自己的能力和水平。如要求幼儿在打饭的时候排队，教师可以说：“看看溜溜排队排得可有耐心了，也没有插队，打完饭之后还踩着地上的线回到座位上，这样就不会跟其他小朋友撞到一起啦！”通过和标杆的比较，其他幼儿很容易意识到自己做得不好和需要努力的地方。但是需要注意的是，教师应尽量给每个幼儿当标杆的机会，让每个幼儿都能自信满满地做一回榜样。

（6）让“笑”成为一种班级氛围。笑可以带给班级很多快乐，减少紧张感和约束感。教师经常对幼儿笑，并鼓励幼儿经常对自己笑、对同伴笑，这样有利于营造轻松活泼的班级氛围。幼儿在这种愉悦的环境中，能有一个更好的心态去交往和探索。

给家长的建议

孩子如何看待自己、评价自己，对他们的尝试、表现、与人交往及情绪体验等方面都有很大的影响。高自尊的孩子在健康、人际关系、应对问题、尝试新事物和创造性等方面都比较好。对父母来说，最基本的目标可能就是培养孩子的价值感和能力感了。可通过以下几个方面来努力。

（1）与孩子建立起良好的关系。幼儿阶段的孩子是从他人对自己的态度、反应和评价中来认识和评价自己的，他可以从良好的亲子关系中获得很大的价值感，知道自己是“被爱的”“被重视的”，而这些又体现在许多父母和孩子交往的细节中。父母经常带工作回家做而把孩子冷落在一旁吗？父母会经常抱抱孩子吗？父母会耐心听孩子把话说完而不是打断他或是帮他说完吗？孩子最喜欢的玩具，父母是否也喜欢它、尊重它，而不是随意把它丢在一边？孩子很敏感，这些细节可以帮助你传递许多信息给孩子。

（2）当孩子的“庇护所”。孩子需要一个庇护所，在他探索外部世界的过程中遇到困难时，这个“庇护所”可以给他安全感和归属感，而父母就是一个非常重要的庇护所。如在前文第三个故事中，在淘淘被其他小朋友拒绝的时候，她很伤心地来找妈妈，妈妈安慰她，给她讲道理，让她的情绪平复下来，淘淘的妈妈就是一个“优质的庇护所”。

（3）帮助孩子正确认识自己。孩子容易因为某件事情做不好而对自己做出错误的评价，如孩子可能会想：“我打牌时总是输给爸爸、妈妈，我又不会骑自行车，我是个笨孩子。”无论是自身能力、对他人的吸引力、成就等方面，孩子都需要父母帮助他发现和纠正对自己错误的认识和评价，为自己树立恰当的标准和目标。

（4）管住您的嘴。孩子对父母说的话会很敏感。不管是付出了努力，还是取得了好成绩，孩子都需要父母的表扬和赞赏。在怀疑自己的能力时，孩子需要父母的鼓励和支持。当孩子因为画不好画而沮丧时，不妨跟他说："我看得出来你很想画好，也很努力。要不我们先一起想想怎样才能画好？"而不能说："怎么画了这么久还没画好？一定是你没有认真画！"

（5）避免让"×× 家的孩子"成为孩子打不败的对手。父母不要这样说："你看看 ×× 家的 ×× 小朋友，多懂事，多听话……，你怎么就不如他呢？！"避免给孩子树立一个"永远比不过的对手"，打击孩子的自信心。

（6）鼓励孩子发展自己的兴趣和能力。您有没有发现孩子比较擅长或是喜欢某些活动？鼓励孩子进行他擅长的、感兴趣的活动，让孩子在活动的过程中独立地去追求自己的兴趣，体验小小的成就，这对他建立自尊很有帮助。

重要参考

米歇尔·波尔巴的自尊理论模型

米歇尔·波尔巴的自尊理论是目前已有的最新的自尊理论模型之一。在这个理论模型中，波尔巴将自尊分成五个要素，分别是安全（Secure）、自我（selfhood）、关系（Affiliation）、使命（Mission）和能力（Competence）。

安全是最重要的一个要素，意味着孩子对自我感觉良好和满意，并且能尊重和信任他人。由于这种信任，孩子能感到安全和自信。安全感水平高的孩子能遵守规则，不越底线，有较好的能力和自信应对变化和困难，也敢于表达自己的想法。安全感水平低的孩子容易焦虑，对外界有较强的防范心理，不容易相信他人，有回避社会交往的倾向。

自我是自尊的第二个要素，它是个人对自己的特点和角色的认识。自我感水平高的孩子对自己的认识更切实际，乐于接受自己与他人的不同，也能开心地接受别人对自己的表扬和赞美。自我感水平低的孩子对自己的评价比较消极，难以看到自己的长处，当别人表扬他们时，他们可能觉得不舒服，甚至拒绝别人对自己的赞美。在社会交往方面，也表现得比较退缩，甚至有攻击行为。

第三个要素“关系”是基于一种人际关系产生的，这一人际关系如果能给儿童带来积极的感觉，他们就容易觉得自己是被支持的、被接受的。他们会在关系中发展起同理心、分享等与人交往的知识和技巧，然后运用到与他人和集体交往的过程中。关系感水平低的孩子很难与人发展和维持友谊，喜欢独来独往，喜欢和“物”打交道胜过和人打交道。

使命感与目标和承担责任有关。使命感强的孩子，知道自己要什么，也知道怎样努力达到自己的目标。这样的孩子通常好奇心强，有毅力，敢于冒险，有创造力。而使命感不强的孩子完成一件事情时比较缺乏激情，有无助感，难以集中精力，喜欢依赖他人并且不擅长做决定。

自尊的最后一个要素是能力感，它来源于成功的体验。能力感强的孩子会认为自己是有能力的、值得尊重的，他们也能看到并认可自己的优势和弱势，失败对他们通常不会造成消极的影响，反而会被视为一种学习经验。缺乏能力感的孩子难以认识到自己的优势，即使在他们有能力完成某项任务的时候，他们也会有一种无助感，害怕失败。即便他们凭借自己的能力取得了成功，他们也可能认为那只是一种巧合。

21. 所有的幼儿都需要被认同

——幼儿亲社会行为的发展

几个小故事

妈妈，出门前记得穿外套哦

前几天，安安的妈妈不舒服，卧床在家，安安又是帮妈妈端暖茶，又是递吃的，还时不时地来探一探妈妈的额头，看妈妈有没有发烧。

妈妈好得差不多了，准备上班。早上妈妈给安安穿好衣服后，让安安去找奶奶一起去幼儿园。安安跑开了一会儿又回来打量着妈妈，然后指着旁边的厚外套说："妈妈，今天很冷，你出门前记得穿这件外套哦！"

谦让的小表姐和霸气的小表妹

每次玩滑梯、荡秋千时，只要看到别的小朋友过来，千千不需要大人提醒，都会让别人先玩。家里来了其他小朋友，千千也会把玩具拿出来给小朋友玩。奶奶和爸爸都担心千千这样谦让，长大后会怯懦，巴不得千千哪天可以抢其他小朋友的玩具，变得霸气一些。

千千的小表妹今年3岁，比千千小两岁。千千跟着妈妈去姨妈家，小表妹赶紧从厨房里找来一个塑料袋，将她的玩具一股脑儿塞进塑料袋里，使出浑身力气往外拖，说要自己去外面玩，可是当时天已经黑了。姨妈尴尬地说："她就是怕千千玩她的玩具。"

我来帮忙

李老师正在活动室里面与小朋友们做活动，实习老师钟老师在活动室角落里准备教具。李老师组织的活动结束了，钟老师的教具也准备得差不多了。这时，几个小朋友跑来围观钟老师收拾教具。钟老师把剪下的碎纸片放在托盘里，问道：“哪位小朋友可以帮我倒垃圾？”小朋友们都把小手举得高高的。馨馨和熙熙站在最前面，两人各抓住了托盘的一边，争来抢去，谁也不肯撒手。钟老师说：“我请馨馨帮忙吧！熙熙，我下次再找你好吗？”熙熙不肯罢休地摇摇头。最后钟老师只好请两位小朋友一起把碎纸片倒掉。于是两个人小心翼翼地托着托盘心满意足地走了。

为什么会这样

以上几个小故事都与儿童的亲社会行为有关。亲社会行为是对他人或社会有益的行为，是道德行为的一个组成部分，包括分享、合作、安慰、奉献、谦让和帮助别人等。

在第一个小故事中，可以看出安安已经发展起移情能力，这是孩子表现出亲社会行为的一个重要能力条件。安安已经能够区分他和妈妈不同的情绪状态，体会到妈妈生病时的难受和悲伤，并且努力通过递暖茶、递吃的、探额头等来表达自己对妈妈的安慰和关心，以减轻妈妈的痛苦。

千千和小表妹的故事表现的是亲社会行为的另一个方面——分享，这对小姐妹给我们展现了儿童分享行为发展的两个不同阶段。小表妹还处于较强的自我中心阶段，还不太会关注他人的需要和利益，而5岁的千千已能够换位思考，了解他人的需要了。她的人际交往圈子从家庭成员扩大到同伴，通过分享行为可以帮助她获得同伴的喜欢和认同。

第三个故事中，小朋友们争当老师小帮手的高涨热情实在太可爱了！特别是馨馨和熙熙，他们都有强烈的愿望想帮助老师，在老师面前展示自己的能力，获得老师的感谢和表扬。最后，争抢行为被老师化解成了合作行为，两个人的愿望都实现了，真是令人开心呢！

心理学家怎么说

心理学家发现，孩子的分享、合作、安慰、奉献和谦让等亲社会行为都随着年龄的增长而增多。最早在 12 个月大的时候，婴儿就已表现出了分享行为，如把手上的玩具给妈妈看。1 岁多开始，儿童能够围绕共同的主题进行角色转换和角色轮流，这是较早的儿童合作行为的表现形式。到了幼儿阶段，儿童表现出的合作行为也越来越有目的性、稳定性，合作伙伴也从两个人到三四个人甚至更多。在助人行为方面，研究者瑞哥德对 18—30 个月的婴儿进行观察，发现许多儿童特别是大一点的儿童都很乐于与成年人分担家务，如摆桌子、整理杂乱的杂志和扑克牌、叠衣服、扫地和整理床铺等。同样，儿童的助人行为和他们的年龄同步增长。

儿童亲社会行为的发展与认知、情感和个性等多个方面的因素是分不开的。儿童的道德判断推理能力越强，分享、慷慨等亲社会行为就表现得越多。除此之外，儿童考虑别人的态度、察觉别人的思想和情感、设身处地地为他人着想的能力也能促进儿童的亲社会行为。随着儿童年龄的增长，他们逐渐能够区分自我和他人。当别人陷入悲伤、痛苦等情绪时，他们不仅能感受到他人的难受，还会产生同情心，这促使他们通过合适的方式表达对别人的关心，以减轻他人的痛苦。

给幼儿教师的建议

待人友善，与同伴和平相处，都包含在幼儿亲社会行为的范畴之中，这些技能也需要幼儿在幼儿园中慢慢学习。美国学者凯西·普罗伊塞（Kathy Preusse）认为，教师可以通过创造分享、互助和合作等机会促进幼儿亲社会行为的发展。以下建议和活动方案可供您参考。

（1）进行面部表情游戏，教幼儿恰当表达情绪，读懂他人的表情。教师可以设置一些情境，让幼儿表演出与该情境相符合的表情，如“奥特曼的奶酪都被小怪兽吃了，奥特曼的表情会是怎样的”。幼儿做出表情之后，让他们说说这个表情表达的是什么情绪。教师还可以准备一些画着悲伤、高兴、生气、沮丧、疑惑等表情的卡片，让幼儿说说卡片上是什么表情，引导幼儿读懂表情。

（2）帮助幼儿学习与人交往的技巧。最基本的交往技巧如常说“请”“谢谢”等礼貌用语，并且不说脏话、不骂人。另外，可以通过讨论或树立榜样，教导幼儿在与人交谈的时候做一个良好的“倾听者”，尊重说话的人，不打断别人的发言，等对方说完自己再说。

（3）让分享成为习惯，从分享中得到乐趣。尤其对刚刚进入幼儿园的小朋友来说，分享是一件重要却又很有挑战性的事情。这就需要教师创造各种机会让幼儿学习分享，而且要让他们体验到分享的乐趣。教师可以多创造一些分享玩具和公共空间的机会，例如排队滑滑梯、上厕所，共用游戏区、玩具等；还可以鼓励幼儿分享私人物品，如每天请一位小朋友带他最喜欢的玩具来介绍给班上的其他小朋友。

（4）给幼儿创造合作的机会。幼儿的合作行为同样需要在不断的练习中发展起来。教师可以根据幼儿的年龄在一日的游戏和生活活动中为幼儿创造多样的合作机会。年龄小的幼儿可以两两合作，年龄较大的幼儿可以多个人合作完成任务，如寻宝游戏、剪贴画、搭建筑、擦桌子、打扫活动室、搬活动器具等。

（5）培养幼儿解决冲突的能力。幼儿之间打人、推搡等攻击行为，究其原因是幼儿缺乏解决冲突的技巧。告诉幼儿：每个人都可以有自己的想法，不必要求别人的想法和你一致，当你和别人出现分歧的时候，不要只用武力来解决，聪明的孩子会使用协商的办法。教师可以多设计一些情境表演活动，让幼儿在角色表演中练习人际冲突的解决技巧。

（6）为幼儿亲社会行为的发展创造有利环境。如在活动室中设置不同的器具、设备、玩具供幼儿选择，并且所有供幼儿使用的材料都应该是幼儿很容易拿到、容易整理的。在活动空间方面，为幼儿的独立游戏、小群体游戏、大群体游戏准备足够的空间，为幼儿的安静类游戏和活动类游戏创设适宜的环境，尽量使整个活动环境的创设满足幼儿不同类型的活动和选择，既避免幼儿之间的冲突和矛盾，又能促进彼此间的互动和交往。

给家长的建议

孩子亲社会行为的发展不是一蹴而就的，它需要孩子不断地练习，慢慢地积累。在这一过程中，父母可以给孩子提供很多帮助，以下几点建议可供参考。

（1）做比说更重要。父母可以利用各种机会，让孩子看到分享行为。如果您正在吃饼干，不妨分一半给孩子，并且告诉孩子，跟他分享好吃的东西是一件很开心的事情，让孩子感受到跟别人分享不仅给别人益处，也给自己带来好心情。

（2）让孩子从小和家长一起做家务。比如和孩子一起擦桌子、摆碗筷、收拾玩具，干完活之后和孩子一起讨论合作的好处：可以更快地完成任务，节省时间做其他事情；可以发挥各自的长处，弥补对方的不足，把工作完成得更好。

（3）给孩子提供一些为别人服务的机会。带孩子参加一些公益活动，鼓励孩子为有需要的人捐出自己的零花钱、玩具、图书，或是为有需要的孩子制作玩具、卡片，表达自己的关心和问候。

（4）对孩子的良好行为及时给予适度的表扬。当孩子表现出分享、安慰、合作、帮助等良好行为时，及时表扬孩子，并注意不要给孩子太多糖果、钱等物质奖励。表扬孩子时，详细说说孩子的表现好在哪里，可以说："我看到你把地上的纸片捡起来扔进垃圾桶里了，很不错哦！这样家里就更干净了。""今天下午奶奶睡午觉的时候，你把电视的声音调低了，说明你不想影响到奶奶睡觉，好体贴哦！"

（5）指出孩子的行为给他人造成的伤害。孩子打人、骂人或说出伤人的话时，父母可以抓住这个机会强化孩子的同理心，指出孩子的行为给别人造成的伤害，引导孩子去体会他人的感受，比如，“你看你打了丽丽，她好痛，哭得那么伤心。你是不是该跟她道歉，安慰一下她呢？”

（6）给孩子选择的权利。不要强迫孩子与别人分享每一件物品，可以把选择权留给他，哪一件是可以与别人分享的，哪一件是希望自己珍藏的，哪一件是愿意与某个同伴分享而不愿意和另一个同伴分享的……这样的选择权使孩子不会有压力，也让他懂得自己有决定与谁分享的权利。

重要参考

与孩子亲社会行为发展相关的父母、教师因素

儿童的亲社会行为与他们自身的认知、情感和个性特质等因素息息相关，与父母、教师的教育方法和互动方式也是密不可分的。

多年来心理学界的研究发现，经常表现出亲社会行为的儿童，其父母一般具有以下特征。

（1）是权威型父母，适当地监管孩子而不是对孩子的行为施以高度管制和限制，能随着孩子年龄的增长调整对孩子的期待，积极地回应孩子的愿望和要求，经常表扬而不是批评孩子。

（2）尽量避免严厉惩罚孩子，避免硬性要求孩子做事，避免拒绝孩子，避免把敌意传达给孩子。

（3）与孩子之间有温暖的亲情，经常和孩子一起玩游戏，一起分享心事、分享生活中发生的事情。

（4）有亲社会行为的意识，经常表现出亲社会行为，也鼓励孩子表现出亲社会行为。

与父母对儿童的影响相似，研究者也发现了可以促进儿童亲社会行为发展的教师的特点和教师与儿童互动的特点，例如：

（1）教师是温和的，与孩子的关系亲密而少冲突，孩子与教师之间有安全的依恋。

（2）善用措施防止儿童之间的攻击行为，为孩子营造良好的学习环境和交友环境。

（3）经常鼓励孩子的积极、正面的行为。

22. 容易得“皮肤饥饿症”的幼儿

——哈罗的假母实验

几个小故事

黏人的洋洋

洋洋今年6岁，马上该上小学了，却还像个长不大的小婴儿，经常黏着爸爸、妈妈。爸爸、妈妈坐着看电视的时候，她会跑过来，有时候伏在妈妈膝盖上，有时候又趴在爸爸腿上，有时候会抱抱妈妈，有时候又要妈妈抱，似乎一刻也不消停。

莹莹不哭了

幼儿园开学有几天了。这天，妈妈送莹莹到活动室，妈妈刚说要走，莹莹就难过得哇哇大哭。妈妈拉着莹莹的小手说：“莹莹不哭，去和小朋友玩吧，妈妈下午就来接你回家。”这时老师走过来，蹲下来双手环抱着莹莹，请莹莹加入其他小朋友的晨练。莹莹在老师的怀抱中慢慢地平静了下来，过了不久，就松开了紧紧抱着老师的双手，和其他小朋友一起玩游戏去了。下午，妈妈准时来接莹莹，莹莹高兴地一下子抱住妈妈，还和妈妈说她今天被老师表扬了。

好玩的“群架”

下午，小朋友们在户外自由活动。他们互相追逐、打闹，你推推我，我挤挤你，叫着笑着，玩得十分开心。这时，亮亮和熙熙两个小朋友搂抱着在地上打起滚来，旁边的小朋友看见了，也一个接一个地拥上来，又是扑跟头，又是推搡，最后把压在最底下的亮亮和熙熙弄哭了。老师还以为小朋友们打“群架”，差点惩罚了他们。

为什么会这样

以上三个小故事都与儿童的依恋有关。依恋产生于婴儿期与养育者之间的互动，是儿童与养育者之间特殊的感情关系。

第一个故事中的洋洋，虽然已经6岁，但这种皮肤接触的需要对她来说依然很重要，这让她感受到自己被爱、被呵护，感受到自己与爸爸、妈妈之间亲密的关系。

第二个故事给我们展示了孩子与母亲分开和重聚时的反应，是儿童安全型依恋的表现。莹莹对她与妈妈之间的关系显得很放心。虽然与妈妈分开让她觉得伤心，但是她相信妈妈会在下午来接她，不会把自己抛下的，因而她很快平静下来。妈妈如期而至来接她，没有让她失望，她也表现得很开心。

第三个故事中，乍一看还以为是小朋友们在打“群架”，实际上是孩子们之间的游戏。儿童有一种心理需要，这种需要通过与他人相互间的接触和抚摩得到满足，如果得不到满足，则会出现“皮肤饥饿症”。儿童渴望与别人皮肤的接触和抚摩，与父母、老师、同伴间的接触都会让他们觉得乐滋滋、暖融融的。

心理学家怎么说

哈罗的假母实验

美国发展心理学家哈罗发现，养在实验室中的幼猴非常依恋盖在笼子底部的布垫。当研究者把这些垫子拿去清洗时，它们变得非常愤怒和焦虑，瘦小的身子压住绒布，双手紧抓住布垫不放，并不停地尖叫。这种对布垫的依恋在幼猴出生第一天就表现出来了，而且依恋的程度在出生后最初几个月会越来越强烈。哈罗认为，幼猴除了要满足温饱等基本的生理需求外，还需要接触一些柔软的物质以寻求安慰，于是哈罗和他的合作者设计了一个实验（见图 12）。

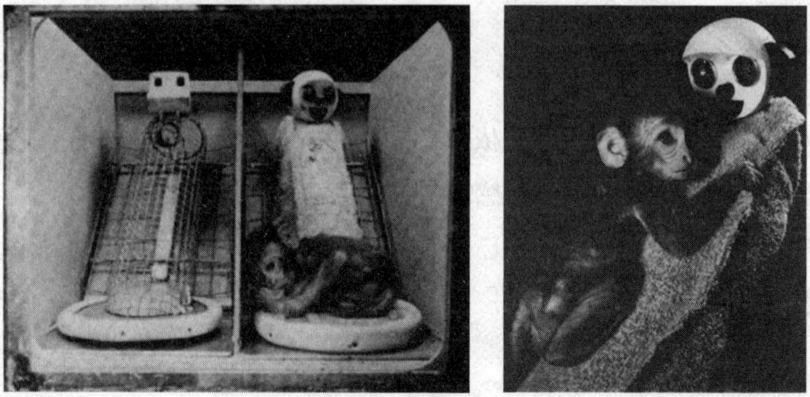

图 12　假母实验

首先，哈罗及其合作者制作了两只代理母猴。其中一只用光滑的木头做身子，身体内安装了一个供暖的灯泡，又在身子外面包裹海绵和毛织物，在胸前安装一个奶瓶。另一只代理母猴用铁丝制成，能提供热量，也安装了奶瓶，除了没有包裹海绵和毛织物给幼猴提供“接触安慰”外，它与木制母猴没有其他不同。

实验开始了。两只代理母猴被放进单独的房间里，房间与幼猴的笼子相通。8 只幼猴被随机分成两组，一组由木制母猴“喂养”，另一组由铁丝母猴“喂养”。哈罗将猴子放进笼子里，记录下在出生后的前 5 个月中，幼猴和代理母猴直接接触的时间总量。后来，哈罗等研究者又进一步探究了“依恋”和接触毛织物对幼猴发展的作用。

实验发现，幼猴对毛织物包着的母猴有极端的偏爱。与母猴身体的毛织物接触给了幼猴很大的心理安慰，这成为幼猴依恋木制母猴的重要因素。由铁丝母猴喂养的幼猴只是为了吃奶才被迫离开木制母猴，吃完奶后又回到木制母猴那里。每当面对害怕的事物时，它们就抱住木制母猴以寻求安慰和保护。随着年龄的增长，这种反应越来越强。当木制母猴不出现时，它们会恐惧、哭叫、吸吮手指、缩成一团。而两只代理母猴所喂养的幼猴在发展方面也有很大差异，虽然两组幼猴的食量一样，体重增长的速度也基本一致，但是铁丝母猴喂养的幼猴常出现消化不良、腹泻等症状。

哈罗认为："人是不能仅仅依靠乳汁生活的。"皮肤接触的安慰和满足对于幼猴和母猴之间的依恋有着重要的作用。在依恋关系的形成中，这种接触比乳汁更重要。

依恋风格

在儿童早期，由于养育者对儿童需求的反应不同，养育者与儿童之间的互动不同，儿童的依恋类型也不同。爱因斯沃斯（Ainsworth）根据儿童在陌生情境中的表现，将儿童分为安全型、焦虑—逃避型、焦虑—矛盾型和混乱型四种依恋风格。

安全型依恋在婴儿与养育者之间健康、良好的互动关系中发展起来，婴儿与养育者之间有好玩有趣的玩耍和互动，养育者也能及时满足婴儿的需求。安全型依恋的幼儿在陌生的环境中，只要妈妈在身边，便可以自由地探索，与陌生人打交道，妈妈离开时可能会难过哭泣，但妈妈回来时又能很快地与妈妈亲近，寻求妈妈的安抚。

焦虑—逃避型依恋的形成通常是由于养育者压抑了婴儿的情绪表达，对婴儿没耐心，态度不好，拒绝与婴儿的身体接触，婴儿难以感受到自己被爱、被呵护，进而压抑自己的情感表达。这一类型的幼儿情感较为淡漠，对待妈妈和陌生人的态度差不多，妈妈不在时不会觉得焦虑，在陌生情境中也不太注意周围的环境和人，探索环境的动机和热情都不高。

焦虑—矛盾型依恋的形成通常是由于养育者在照料孩子的过程中，照顾能力较差，教养行为不稳定，面对孩子的需求和哭闹有时给予反应，有时又不理不睬，让孩子觉得不安，不知道自己的需要是否能被关注和满足。这一类型的孩子在陌生环境中，即使妈妈在身边也会觉得焦虑和不安，无法自由自主地探索。当妈妈不在身边时，会觉得很沮丧；当妈妈回来时，他们既想和妈妈亲近却又很愤怒，还会反抗，显得很矛盾。

混乱型依恋的形成通常是婴儿向养育者发出依恋的需求信号之后，得不到养育者的回应，或是养育者根本没有意识到婴儿的需求信息。他们的养育者本身通常有情绪问题。由于婴儿与养育者的人际互动不稳定，这一类婴儿在陌生的环境中表现出的反应也不太稳定，会根据环境表现出反抗或回避，没有一贯的回应。

给幼儿教师的建议

幼儿进入幼儿园之后，教师成了幼儿非常重要的照料者和看护者。面对一大群孩子，教师很难时时刻刻将注意力放在每个幼儿身上，满足幼儿的所有需求。这就需要教师从其他方面入手，建立良好的师幼关系，成为幼儿的心理安全基地。以下建议可供参考。

（1）了解不同幼儿的特点。一个班的幼儿，发展水平各异，个性特点也不尽相同，有的幼儿敢于探索，有的幼儿胆怯退缩，有的幼儿遇到困难会第一时间向老师寻求帮助，有的幼儿却不知所措独自彷徨。教师要善于发现不同幼儿的特点，根据他们的特点和需要提供指导和帮助。

（2）多给幼儿触摸。在幼儿园中，教师可在给幼儿换衣服的时候摸摸幼儿的手，在讲故事时摸摸幼儿的头，午睡前后可以抱抱幼儿，在幼儿表现好的时候拍拍幼儿的肩，跟幼儿愉快地击掌等，这样的小动作会让幼儿觉得既亲昵又安全。

（3）多给幼儿亲密接触的时间和机会。同伴间的互相触摸和拥抱也可以令幼儿觉得愉快。教师可以给幼儿编排一些互相拥抱、拉手的游戏和舞蹈，也可以给幼儿提供自由玩耍的时间和空间，让他们彼此亲近，增进友谊。

（4）关注有需要的幼儿。刚入园的幼儿对新的环境感到陌生，教师拉拉他们的小手，抱抱他们，这样的亲近可以减少他们的焦虑。全托的幼儿更需要教师悉心的关注和照料，不仅在洗澡、换衣服和入睡的时候，在平时也应多给幼儿一些拥抱、触摸等关注。

（5）教幼儿认识到安全的身体接触和触摸。皮肤的接触和抚摩虽然可以让幼儿觉得舒服、安全，给幼儿很多心理安慰，但是不安全、不善意的触摸也会带来危险。教师应教导幼儿学会大胆拒绝他人不舒服的身体接触，保护好自己的身体。在遇到令自己不适的身体接触时，一定要告诉大人。

给家长的建议

幼儿的“皮肤饥饿症”是一种不良的情绪反应，根源于在生活中缺少与他人的接触交流。父母既是孩子的养育者，也是孩子的玩伴，这给亲子关系的发展提供了许多浑然天成的机会，父母应该细心观察孩子，重视孩子的需要并给予应有的满足。以下建议可供参考。

（1）了解孩子的特点。作为孩子的第一养育者，孩子遇到困难时是否会找您帮忙？您跟孩子是否已经分开了一段时间？孩子跟家里人是否亲近？孩子是否会无缘无故地发脾气、难以控制自己的情绪？诸如此类的许多微小信息，都在向您传达孩子的情绪或是亲子关系的状况。父母善于捕捉信息并能及时调整养育措施，有利于更快更好地解决孩子的难题。

（2）重视孩子的需要。孩子需要经常与父母亲近，父母需要调节好家庭和工作之间的关系，每天安排出固定的时间跟孩子聊天、做游戏。不要让现代技术成为孩子的“保姆”，把孩子过多地交给婴儿车、电视机、玩具、游戏机和电脑等现代设备看管和照料。

（3）多给孩子触摸。生活中有许多机会可以给孩子触摸，如给孩子换衣服、洗澡、睡前讲故事的时候。这样的触摸不仅顺其自然，而且让孩子觉得很舒服。

（4）关注孩子的情绪并给予回应。“皮肤饥饿症”会以许多不同的情绪表现出来，如沮丧、闷闷不乐、消沉、幻想、焦虑、易怒、无聊等，这些表现很容易被误认为是精神疲惫、身体不舒服而被忽略，或是用药物治疗。父母要细心留意孩子的情绪，并及时地给予帮助。

（5）教孩子保护好自己的身体。孩子喜欢与人亲近、拥抱、触摸是很正常的。但父母也要提醒孩子，不能随便让别人亲吻、拥抱和触摸，特别是身体隐私的部位，如果遇到让自己不舒服的身体接触，一定要勇于拒绝，并且告诉大人。

重要参考

亲密育儿方式

亲密育儿国际组织（Attachment Parenting International，API）致力于教育和帮助所有的父母养育有安全感的、快乐的、有同理心的儿童，以强化家庭情感纽带，建立一个更富同情心的社会。倡导亲密育儿方式是API的核心理念，这种育儿方式以依恋理论为基础，其重点在于父母与孩子建立起一种养育纽带，在这种纽带联结中，儿童发展起安全感、独立、同理心等良好品格。以下是API所提出的八个亲密养育原则。

（1）为怀孕、孩子出生和养育孩子做好心理准备，提前预设好问题，调整情绪进入为人父母的良好状态。

（2）带着爱和尊重喂养孩子。

（3）敏感地回应孩子的需要。

（4）经常抚摩孩子。

（5）重视夜间育儿，如与宝宝同睡一张床，保证孩子睡着的时候是安全的，不管是身体还是精神方面。

（6）给孩子持续的、爱的照料。

（7）采用积极的教养原则。

（8）协调好工作和家庭的关系。

23. 快乐的心态是可以培养的

——培养幼儿的情商

几个小故事

琪琪读短文

晚上，妈妈陪琪琪朗读一篇短文。妈妈先给琪琪讲短文的内容，琪琪点头说知道。妈妈念了 3 次后，琪琪还是读得支支吾吾的，她又是跺脚又是嘟囔：“为什么我老是记不住？讨厌死了！”她越是嘟囔，那篇小短文就越是跟较劲似的变得越来越难。琪琪好不容易会读了，兴高采烈地跑去请奶奶帮忙检查。谁知琪琪读给奶奶听时又漏了一句，检查不能过关。这下可急坏了琪琪，她站在奶奶房门口，噘着小嘴不高兴了。奶奶把琪琪叫回来继续教了几遍，终于把琪琪教会了。琪琪这下可乐坏了，急不可耐地跑去妈妈的房间找妈妈检查。

“胆小的”乐乐

下午，爸爸接乐乐回家，两人正在路上走着，突然听见身后有人喊乐乐的名字，他们回头一看，原来是乐乐班上的小女孩闻闻。乐乐看到闻闻很开心，刚想跟闻闻打招呼，谁知闻闻指着乐乐跟自己的妈妈说：“妈妈，这是乐乐，他胆子可小了，我可不喜欢他这个样子的。”闻闻说完得意扬扬地走了。乐乐本来很开心地想和闻闻说话来着，没想到被闻闻这样一盆冷水浇下来。他先是一怔，然后就泪眼汪汪了，也不肯说话。

调皮的“自创舞蹈”

星期天，妈妈带小森到外婆家吃午饭。小森坐在椅子上很不老实，爬上爬下。后来干脆从餐厅跑到客厅，又从客厅一路跳着走到阳台，之后又在客厅和阳台的地上来回跑啊跳啊。妈妈一边耐心地劝小森坐下来吃饭，一边跟着跑进跑出，最后妈妈有点不耐烦了，就把饭碗收起来斥责道：“你这孩子怎么这么调皮？你爱吃不吃。”小森一听，刚刚那股活蹦乱跳的劲儿全没了，他独自跑到阳台，头朝着墙壁做“面壁思过”状，一语不发地生闷气。最后还是小舅舅有办法。小舅舅说：“小森，我刚刚看你跳的舞好好看，我从没看你跳过呢！谁教你的啊？一会儿吃完饭再跳给小舅舅看好不好？”被小舅舅这么一说，小森的眼睛顿时就亮了，扬起小脸骄傲地说：“是我自己跳的，没人教我。我现在就吃饭，吃饱了有力气，跳给小舅舅看。”

为什么会这样

小孩子的情绪变幻莫测，又溢于言表。上述几个小故事都与儿童的快乐和负面情绪有关。孩子由于不同的原因而高兴，也由于不同的原因而闹情绪，耍小脾气，阴晴转化常常在一瞬之间，让人既心疼又忍俊不禁。

第一个故事中，读小短文这个艰难的任务左右着琪琪的情绪，读得好时，琪琪开心，读得不好时，琪琪马上噘起小嘴不高兴。不管是失落还是兴奋，都与琪琪和短文之间的“较量”有关，而其实是琪琪对自己能力的看法影响着她的情绪。当她会读小短文时，马上认识到自己“行”，为自己的进步感到开心；当为小短文犯难时，又觉得自己“不行”，挫败感油然而生。

第二个故事反映了同伴的看法对儿童情绪所起的重要作用，同伴的接纳让儿童开心，同伴的排斥让儿童难过。对乐乐来说，在放学路上遇到自己的同伴，而且还主动跟自己打招呼，本来应该是件开心事，但没想到他竟然被闻闻当面批评“胆子小”，还说不喜欢自己，这么沉重的批评和排斥，真是让乐乐伤透了心！

第三个故事体现了影响孩子情绪的另一种原因：别人的批评和赞赏。因为小森调皮，妈妈又是生气又是呵斥，小森当然很不开心。而小舅舅则抓住了契机，将小森调皮捣蛋的行为视为“舞蹈”，这对小森来说是欣赏——原来自己并非一无是处，还有这么值得夸赞的技能，真是太厉害了！小舅舅的赞赏和鼓励让小森的好心情又回来了。

心理学家怎么说

在学前阶段，儿童的情绪容易因情境和活动的变化而变化。从 3 岁到 5 岁，随着认知水平和语言能力的提高，儿童对情绪的内化和管理能力急剧上升，也逐渐学会用语言表达自己的情绪。但由于他们的语言表达和解决问题的能力还有限，当自己的努力不足以达成目的时，他们会沮丧、难过、发脾气。

儿童的快乐心态受到他们自身因素的影响。理查德·戴维森教授在情绪的脑机制方面的研究表明，人的情绪表现与大脑的特点有关，脑的左额叶区活跃的人较为积极、外向、爱笑，相比之下，右额叶区活跃的人较为害羞、不苟言笑。儿童的快乐心态也与他们自身的掌控感有关。儿童在做他们擅长的事情时很开心，而当他们的能力被家人、老师或其他重要的成人赏识时，他们会更高兴。另外，儿童的快乐也建立在达成目标的基础上，当他们从事感兴趣的活动并获得成功时，容易欢欣雀跃。

儿童与父母、同伴和老师的关系也会影响儿童的快乐情绪。跟父母之间有安全依恋的儿童更有快乐的心态，亲子间亲密的感情联结让他们觉得有安全感、舒服，这种关系就像一个“安全基地”，让他们可以信心满满地探索外部世界。此外，良好的师幼关系和同伴关系，让儿童感受到自己被老师和同伴接纳和喜爱，因而很快乐。

给幼儿教师的建议

幼儿进入幼儿园之后，大部分的时间都在幼儿园里与老师、同伴在一起学习、玩耍和互动。在幼儿园里参与的活动以及老师、同伴的态度对幼儿的情绪有很大影响，因而在幼儿园里培养幼儿快乐的心态非常重要。以下几个方面可供教师参考。

（1）给幼儿自由玩耍的空间和时间。有研究发现，自由玩耍是最能让幼儿发自内心感到快乐的事情。教师可尽量多地给幼儿自由玩耍的时间和空间，让幼儿尽情地按照自己的意愿和想法做游戏，不受太多规则的束缚。

（2）引导幼儿学习新技能。教师可经常引导幼儿学习新的、适合他们能力水平的技能，这样既可增强幼儿的生活和学习能力，又能让幼儿在学习中体验征服感、满足感和快乐。

（3）鼓励幼儿互相表达对彼此的喜欢。教师可引导幼儿通过不同的方式向其他小朋友表达自己的喜欢之情，适当赞美，经常拉手、拥抱，邀请同伴加入游戏等都是较好的方式，如，“你的小辫子真漂亮，我好喜欢哦！”但也要提醒幼儿表达适当，如不能因为小女孩的辫子漂亮就经常揪人家的小辫子，惹人生气和讨厌，造成相反的效果。

（4）关注幼儿的情绪。幼儿的情绪容易因情境变化而变化，他们有时难以像成年人那样自如地用语言来表达自己的心情。这就需要教师细心、敏感地观察，关注幼儿的情绪，引导他们用适当的语言和途径表达、发泄自己的情绪。

（5）让幼儿感受到教师对他们的喜欢。在平时活动中，拥抱、拉手、微笑、问候甚至是赞许的眼神都可以传达教师对幼儿的关切和喜爱之情，让幼儿感受到自己被喜欢、被接纳，在幼儿园获得归属感。

（6）欣赏幼儿并鼓励他们欣赏自己。别人的评价和自我评价都会影响幼儿的情绪。教师不仅要欣赏幼儿的优点和与众不同之处，也要帮助幼儿发现自己的优点，学习正确地认识和评价自己，以免妄自菲薄，徒增烦恼。

给家长的建议

让孩子快乐地生活是很多父母的愿望。要让孩子快乐，首先要了解什么可以让孩子感到快乐。在家庭中，父母可以试试以下做法，培养孩子快乐的心态。

（1）让孩子感受到父母对他的爱。与父母之间的亲密关系可以让孩子感受到父母对自己的感情。拥抱、亲吻、相互依偎都是父母向孩子传达爱意和关心的方式。

（2）鼓励孩子做他以前不会做的事情。父母可以教孩子各种技能，如做手工、穿珠、叠衣服等，在孩子做完之后给予及时的表扬，让孩子意识到自己的能力有所提高，瞬间有一种“我长大了”的感觉。

（3）在家中保持愉悦的心情。孩子是能感受到父母的情绪的。父母的情绪很容易感染孩子，所以家长最好不要将工作中的不满和压力带到家中，更不能拿孩子出气。

（4）关注孩子的身体健康。好的身体可以让孩子精力充沛，精神活跃。充足的睡眠、适度的运动和健康均衡的饮食对孩子的健康成长可以起到重要的作用。

（5）创造一家人的欢乐时光。与孩子一起做游戏、看图书、睡前分享故事、外出郊游、一起庆祝节日和生日等，都是很好的家庭活动。从这些活动中，孩子不仅感受到父母对自己的爱，而且感受到父母之间相亲相爱的感情。

（6）时常关注孩子的情绪，允许孩子情绪低落。让孩子知道，一个人有快乐的时候，也有伤心难过的时候，这些都是生活的一部分。当孩子闹情绪、发脾气的时候，父母可与孩子聊一聊，如，“你看起来心情不太好，是不是发生了什么事情，能跟我说说吗？”

重要参考

让儿童保持快乐的“十件宝”

根据马斯洛的需要层次理论，人有五个层级的需要，由低到高分别是生理需要、安全需要、社交需要、被尊重的需要、自我实现的需要。对低龄儿童来说，他们需要吃饱、穿好、温暖、保护和自我能力的提升，如果这些需要得到了满足，他们就会感到安全，充满活力。以下是国外一些教育者总结出来的儿童最需要的可以让其保持快乐心态的“十件宝”。

第一宝：需要得到满足。当饥饿、寒冷、危险、疼痛、焦虑、不稳定的外部环境等来袭时，儿童会感到不安。时常关注孩子的状态，满足孩子日常的需要，饿了给吃的，冷了给穿的，失落了给个拥抱，害怕了给个安慰，可以让他们觉得被爱、安全。

第二宝：安全。当儿童感到安全的时候，他们更容易相信周围的人，焦虑不安的情绪也会减少。时常向他们表达你的喜欢和关爱之情，会让他们有安全感。

第三宝：爱和拥抱。经常抱抱孩子，或是让孩子坐在腿上，亲吻孩子，在睡前跟孩子道声晚安等，这些简单却又充满爱意的小举动，孩子能体会得到。

第四宝：表扬。很多时候，孩子想通过自己的努力讨大人欢心。大人的表扬既能让他们开心、有成就感，又可以激励他们有更多良好的表现。

第五宝：微笑。当你对孩子微笑的时候，你是在告诉孩子，你很开心，你爱他们，喜欢和他们在一起。

第六宝：交谈。交谈不仅是儿童提高语言表达能力的途径，也是儿童向他人表达自己的想法、释放情感的过程。

第七宝：被倾听。“被倾听”能让儿童有一种被关注、被重视的感觉。当孩子说话的时候，请认真地听他们说完。

第八宝：学习新技能。学会新的本领，会让孩子有一种“我好棒”“我长大了”的感觉。

第九宝：感受为人所知。有时候，孩子难以找到恰当的语言来表达自己的感受是恐惧还是伤心。当他们身处不适境地的时候，如果能被别人理解，那将是一件多么舒心的事情啊！

第十宝：另眼相看。你眼里看到的孩子若是乖巧的，那么他们乖巧的行为可能就越来越多；你眼里的孩子若是调皮捣蛋的，那么他们就可能更加调皮捣蛋。你需要多花时间，和孩子一起玩耍、休闲、阅读、分享心事，看到他们与众不同的地方，看到他们的特别之处，让他们有一种被“另眼相看”“特殊对待”的感觉。

24. 想象中的游戏伙伴和游戏中的社会化
——在游戏中成长的幼儿

几个小故事

我是超人

晚上洗完澡后，群群又搬出他的玩具在客厅里玩起来了。他一边把玩具小熊放在最喜欢的那辆大卡车上，一边自言自语：“小熊终于走出大森林，跟着大卡车要进城啦！”过了一会儿，他又对着小一点的卡车说：“你还是把你的车开过来吧，都挡道了。”群群一个人在那里说啊、玩啊，不亦乐乎，奶奶可不懂了：“这小家伙在跟谁说话呢？是不是有什么心理疾病啊？”

各玩各的

欣欣和小表妹都刚上幼儿园小班。周末，妈妈带着欣欣去小表妹家玩，欣欣还带去了自己的布娃娃。小表妹看见欣欣的娃娃，也拿出了自己的娃娃，两人各自开心地玩了起来。她们给娃娃喂饭、穿衣服，还带着娃娃去看病。奇怪的是，两个人各玩各的。欣欣妈妈看了觉得纳闷，鼓励欣欣和小表妹一起玩，还和两个小女孩一起给娃娃互换衣服。欣欣妈妈离开之后，欣欣和小表妹又自顾自地玩了。

建构区里的小小意外

在幼儿园大班的建构区里，几个孩子正在商量着建一个“动物园”，他们确定各自负责的区域之后便开始干起来了。过了十几分钟，“动物园”的各个区域基本建好了。这时，亮亮想直起身来看整个“动物园”的全貌，结果，他的手不小心一扫，一下子把北北建好的“老虎区”给扫平了。北北急得直跺脚，一边涨红着小脸埋怨亮亮粗心，一边赶紧收拾地上的木块，想把老虎区恢复成原来的样子。亮亮和旁边的小朋友也都赶紧七手八脚地一起抢救“老虎区”。经过一番奋战，一个新的“老虎区”建好了，比之前那个还漂亮。小朋友们得意极了，开心地邀请老师来参观。

为什么会这样

以上三个小故事，都与幼儿期的游戏有关，游戏是儿童自由、自发、自我管理的活动，也是儿童学习、获得快乐的途径和方式。

第一个故事中，群群一个人玩得有滋有味本来是件开心的事情，但是他喃喃自语好像与人一起玩的样子又让人不禁有点担忧。实际上，群群是在和他想象出来的游戏伙伴一起玩，这个伙伴虽然不存在，却是群群的精神伴侣、无形的朋友。

第二个故事中，欣欣和小表妹的游戏反映了低龄幼儿在游戏发展中的一个阶段特点。她们是在进行“平行游戏”。欣欣和小表妹虽然同在玩布娃娃，但是她们之间没有任何交流和互动，互不干扰，各玩各的。

第三个故事反映了儿童游戏发展的另一个阶段——“合作游戏”。在进行建构游戏的时候，小朋友们有共同的目标——“动物园”，在游戏过程中互有分工，各有各的任务，最后建成了“动物园”。而“老虎区”的意外“崩塌”，成了这场游戏中的一个小插曲，更加考验了小伙伴们之间协同解决问题的能力。他们确实合作得很好呢，值得表扬！

心理学家怎么说

游戏可以发展孩子的许多技能，如动作技能、社会交往技能、问题解决技能等，有助于儿童社会适应能力的发展。

幼儿阶段的孩子正在形成对自我的认知，区分想象与现实。他们的思维发展正从具体的形象思维过渡到利用表象进行思维。这个时期的儿童会把头脑中想象的伙伴再现到他们的实际游戏当中。约 65% 的 3—5 岁的儿童都有想象性的游戏伙伴。这些伙伴可能是以前和他们一起玩耍过的朋友，也可能是某个卡通人物，还可能是一个虚拟的固定不变的同伴。当儿童独自玩游戏时，他们会想象自己正在与这些“伙伴”一起玩耍，跟他们说话，还会想象自己受到“伙伴”的喜欢，从而排解孤独感，增强游戏的趣味性。

游戏的过程是儿童社会化的过程。儿童心理学家、教育家和人类学家都非常关注游戏在儿童社会化过程中的作用。帕腾（Parten，1932）在托儿所中对幼儿的群体游戏进行观察后，根据游戏的同伴数量和类型将儿童游戏分为五种。这五种社会性游戏彼此独立，但又相互重叠，它们分别是：

（1）独自游戏。这是一种单个人进行的游戏，2 岁以前儿童的游戏大多属于此类，有时用玩具，有时是独自的动作类活动。

（2）原始的社会性游戏。原始的社会性游戏最早出现于 6 个月之前，如“躲猫猫”、咯吱逗笑、翻身等活动，特别是一些和父母、年长儿童一起进行的游戏。到了儿童初学走路的时候，“追赶游戏”“你摸我，我摸你”等都是原始的社会性游戏。

（3）旁观者游戏。旁观者游戏是指儿童观看其他人进行游戏，但是自己并没有积极地参与到游戏当中，只是与游戏者进行交谈，或是提供一些建议。

（4）平行游戏。在平行游戏中，儿童通常玩着相似的玩具，但是他们并没有参与到彼此的活动中，也没有一起使用既定的规则。有一些研究结果指出，平行游戏或个人游戏通常是由于玩具的存在所致，因为玩具破坏了儿童之间的相互作用。没有玩具，儿童之间可能就会相互影响。

（5）联合游戏。相比平行游戏，在联合游戏中已经可以看到儿童之间的相互作用。随着儿童年龄的增长，儿童会更喜欢和同伴交往，一起玩耍，而且更喜欢有玩具的游戏，这种游戏即“联合游戏”。虽然儿童还是独自玩耍，但他们之间已经有了一些互动和交流。

（6）合作游戏。在合作游戏中，儿童相互帮助、合作，有共同的活动目标，甚至有约定的游戏规则。许多研究表明，联合游戏和合作游戏在 4 ～ 5 岁之前的儿童中并不普遍，但有时，特别是在与他们的兄弟姐妹或年龄相仿的同伴中出现的可能性更大。学前儿童通过游戏成为更好的朋友，合作性通常也是使儿童受到同伴欢迎的特质之一。

给幼儿教师的建议

游戏常是以幼儿为主导的自由活动。幼儿园一日活动中的大部分时间可能被常规的教育活动所占据。要使幼儿在游戏中最大限度地获益，教师需在游戏中处理好自己的“双重身份”，即幼儿的游戏伙伴和幼儿游戏的引导者。以下建议可供参考。

（1）为幼儿的游戏做准备。教师需为幼儿的游戏做两方面的准备，包括充足的、适当的活动空间和游戏材料。例如，在许多体育游戏中，幼儿会追赶、跑、跳，这就需要较为宽敞的室外活动空间。在游戏材料方面，为幼儿提供多样的、开放性的游戏材料，供幼儿自主选择、自由发挥。

（2）观察幼儿的游戏。通过观察幼儿的游戏，教师可以了解幼儿的游戏能力、水平和需要，为有需要的幼儿提供帮助，如指导游戏继续进行，增加必要的游戏材料等。

（3）与幼儿一起做游戏。教师可参与到幼儿的游戏当中，不一定是以合作游戏的形式，可以在旁边跟着他们一起做相同或不同的游戏，但不干扰他们；也可以加入他们的游戏，和他们一起遵守游戏规则，一起讨论，一起解决问题。这样有利于促进教师与幼儿的关系，提高幼儿游戏的热情。

（4）营造一个轻松、和谐的游戏环境。教师自身对游戏的重视和热情能感染幼儿，让幼儿享受到游戏的趣味性。另外，帮助维持好幼儿游戏的秩序，引导幼儿解决同伴之间在游戏过程中产生的矛盾和冲突也是非常有必要的。

（5）引导幼儿的游戏内容。幼儿的游戏内容具有一定的价值倾向性，教师需要引导幼儿的游戏内容向积极健康的方向发展。如幼儿在想象性游戏中可能扮演大人抽烟、喝酒、打骂人等不良行为习惯，这时教师就要及时给幼儿反馈，引导幼儿模仿好的行为方式。

（6）鼓励幼儿一起做游戏。游戏是幼儿探索外部世界、学习与人交往的重要方式。幼儿之间的游戏涉及与人分享、合作、帮助、协商、解决问题等多方面的社会性交往的内容。教师可多设计一些合作性游戏或是在游戏中多关注幼儿的同伴交往，使游戏在幼儿的社会性发展中发挥优势。

给家长的建议

研究表明，儿童游戏时，成人的参与有利于增强儿童游戏的创造力。不论在幼儿的哪个年龄段，家庭成员的参与对幼儿的学习都起着重要的作用。要通过游戏促进幼儿的社会性发展，父母可以试试这样做：

（1）将游戏的自主权交给孩子。让孩子有时间玩、自由地玩是很重要的。父母需给孩子提供游戏的机会和时间，让他在游戏中获得丰富的经验。

（2）观察孩子的游戏行为。通过观察孩子的游戏，父母可以了解孩子的游戏水平和他最喜欢的活动，这有利于根据孩子的特点推荐适合他的玩具和游戏。

（3）参与孩子的游戏。孩子喜欢父母和他一起做游戏，喜欢在其游戏中给父母分配角色。需要注意的是，父母并不需要时时刻刻都参与到孩子的游戏当中，即使参与到孩子的游戏中，也应把掌控游戏的主动权交给孩子。

（4）注意玩具的多种玩法。孩子对世界有自己的认识和感知，有一些是通过他与玩具的互动获得的。他对玩具可能有多种玩法，而不局限于玩具本身，一辆小三轮车，可以用来踩，用来推，用来“拉货”等。有时大人需要摈弃一些成人的观念，让孩子自由发挥。

（5）鼓励孩子与同伴一起游戏。与同伴游戏，在游戏中的互动、协商、合作甚至是冲突，都有利于孩子社会经验的积累。父母应多为孩子创设同伴游戏的环境和条件，让孩子在游戏中有多样的体验。

（6）对生活和娱乐持积极的态度。比起提供玩具、时间和空间给孩子玩耍，父母自身保持积极的生活习惯也是很重要的。让孩子知道，父母很享受他们自己的生活。当孩子看到父母的生活状态时，他也会不由自主地想加入，体验生活和娱乐的趣味。

重要参考

不同年龄段儿童的游戏需要

在儿童不同的发展阶段，他们的身体、认知和社会性发展水平都不一样，在游戏方面也体现出不同的特点和需要。

0—18个月的婴儿需要同他们亲近的人一起玩耍。他们对触摸、声音、明亮的颜色和运动等都感兴趣，并能做出反应，甚至还会模仿他人的面部表情。这个年龄段的孩子需要有人与他们交流，并对他们的需求做出及时的反馈。在感官刺激方面，他们的世界里需要音乐、歌唱、运动，也需要可以触摸、抓握、放进嘴里的物体，画有表情、动物、小孩、日常物品的大幅图片，可以安全爬行、探索的空间，可以支撑他们站立的支点等。

1—3 岁的儿童开始大范围地探索周边的环境。“安全”对这一阶段的孩子来说非常重要。他们喜欢水、沙子和泥，还喜欢利用想象做各种创造，如把小沙堆变成“小汽车”。这个年龄段的孩子需要有沙坑，水，塑料的玩具，建构性的玩具如积木、橡皮泥、手指画，互动类的故事书和图画书，柔软的玩具如泰迪熊、布娃娃，以及其他玩具如小汽车、小卡车、小球等。

3—6 岁孩子的游戏水平和需要比年幼的孩子又高了一个层次。这个阶段的孩子已经有了“交友”意识，他们在与其他小朋友游戏的过程中学习分享、合作等，从中认识和理解他们周边的世界。孩子需要参与探索类、装扮类、体育类的游戏，如观察植物、小昆虫、宠物等，角色扮演、购物、照顾娃娃、盖房子等，学习踩儿童三轮车、脚踏车等，玩球类、追赶跑跳类游戏等，玩水、学习游泳等。

第三部分　幼儿是怎样应对世界的

在这个部分，我们描述了孩子的行为特点。一方面，他们学会说“不”，挑战大人的权威，表现自己的独立性；另一方面，他们的社会经验缺乏，常常需要模仿大人的行为来解决问题。他们在尝试与错误的过程中学习，天生是冒险家；他们开始学习理解他人，学习同情和移情，同时尝试和别人交往的正确途径。因为正在学习，所以，他们很有可能出现问题，如果老师和家长对他们管束、干涉过多，他们可能变得退缩、自卑、依赖；大人过于强势，凡事以自己的意见强加于孩子，如有不从甚至拳脚相加，幼儿耳濡目染，也极有可能以同样的方式来解决问题，形成任性、对抗、爱用暴力、攻击性强的性格特点。在和周围的人，尤其是和父母、老师、同伴的互动中，孩子形成自己的行为模式，性格逐渐定型。幼儿阶段为孩子一生的人格健康发展打下了基础，是非常重要的发展阶段。

如果父母和教师不了解幼儿的发展阶段和特点，认为说“不”是孩子不听话的表现，就可能以更严厉的方式来逼孩子就范；如果大人以为孩子模仿是件好玩的事情，即使他们模仿了不好的行为，也报以笑声，那么孩子会从中得到鼓励，以为模仿不好的行为是大人所欣赏和鼓励的，久而久之，就会养成不好的行为习惯，改起来就会很费劲；如果大人不知不觉地常常否定孩子的行为，长久下来，孩子会变得不知所措，即“习得性无助”，遇事没有主见、缩手缩脚、胆小怕事；认为孩子做不好，就不让孩子“自己的事自己做”，孩子的独立性就无从培养；对孩子过分保护，生怕孩子吃亏、受委屈，总是替孩子解决与别人的争端，孩子就失去了学习与别人相处和交往的机会。通过这一部分的阅读，希望家长和老师能够明白，为了培养孩子健康的个性，他们可以做的是什么，不可以做的是什么。

特别推荐“有怎样的父母就有怎样的孩子”这一章节的内容，孩子的一切都是从父母身上学来的！

请别漏掉“重要参考”部分，尤其是其中介绍的埃里克森关于儿童人格发展的理论，这个理论是关于不同年龄阶段的孩子正在形成的人格的基本特征，是我们所有关于儿童人格发展的分析和教育的基础。一些最新的资讯、有趣的知识，我们都收集在“重要参考”这一部分。阅读这部分内容，既可以拓宽知识，又可以增加乐趣，还能加深你对相关知识的理解。

25."我不"
——孩子的第一反抗期

几个小故事

爱说"不"的文文

文文是个可爱又漂亮的小女孩，在2岁以前，文文非常乖巧听话，爸爸妈妈都觉得带文文很省事。可文文过了2岁以后就变得越来越不听话了。她不再听从爸爸妈妈的话，而是有了自己的主见，学会了对爸爸妈妈说"不"。妈妈叫她去吃饭，她回答"不吃"。妈妈叫她去洗澡睡觉，她也回答"我不"。她似乎总是要和妈妈反着来，妈妈拿她毫无办法，不知如何是好。

我要自己来

希希是个刚上托班的小男孩，以前什么事情都让爸爸妈妈帮忙做，可是过了2岁半的生日上了托班以后，希希开始变得什么事情都要自己来。在幼儿园里，希希拒绝老师的一切帮忙，有时，因为希希的能力有限难以完成一项任务时老师会主动帮助希希，这时，希希的眼里含着泪水，还坚持对老师说"我要自己来"。

帮倒忙的婷婷

婷婷今年3岁了，是个人见人爱的小女孩，随着年龄的增长，婷婷什么事情都要自己动手做，而且非常喜欢帮助爸爸妈妈干活，可是她每次都是帮倒忙，越帮越忙。一个星期天，妈妈正在浴室里洗衣服，婷婷看见了，就蹲在妈妈的身边不愿走开了，她伸手过来要帮妈妈洗衣服，结果弄得满身是水，妈妈劝她出去和爸爸一起看电视，婷婷怎么也不听，就是要和妈妈一起洗衣服。

为什么会这样

人的心理发展既有连续性，又具有阶段性，不同的年龄阶段会表现出不同的发展特征。2—3 岁的幼儿会表现出不同于其他年龄阶段的发展特点，随着幼儿自由活动的能力大大增强，各方面知识的不断增多，语言能力的发展，词汇量的丰富与增多，幼儿的智力水平明显提高，幼儿表现出强烈的独立愿望，虽然能力不强也要自己动手自己干，变得不太听话，“不”字经常挂在嘴边，对成人有强烈的“反抗”心理。心理学家把这个阶段儿童成长中出现的亲子冲突形象地比喻为“儿童的第一反抗期”。

第一个故事中的文文，她不再听从爸妈的意见，而是有了自己的主见，这正是因为幼儿自我意识的萌芽和发展，他们开始逐渐区分开自我和他人，知道什么事情是自己想做的，什么事情是他人要求自己做的。他们开始按照自己的意愿来做事，也学会了拒绝自己不想接受的成人的命令，于是对成人的指令有了越来越多的反抗和拒绝。

第二个故事中的希希，什么事情都想自己来做，他想通过自己动手做事来证明自己的存在。随着幼儿体格和能力的发展，在日常生活中很多事情幼儿都可以自己做了，他们非常渴望扩大自己的独立活动空间，于是不断地去尝试独立完成一些新的事情。但是老师由于担心幼儿受伤害以及不能给幼儿足够的时间，会对其活动加以阻止和限制，于是幼儿就会闹情绪。

第三个故事中的婷婷喜欢帮助妈妈，但总是给妈妈帮倒忙。这是因为在大人看来洗衣服是家务劳动，而在幼儿的眼里，洗衣服却是非常有趣的游戏，特别是当幼儿用肥皂弄出许多许多的泡泡时，他们会很开心，觉得更好玩了。

心理学家怎么说

美国心理学家卢文格研究了人的自我发展，他认为在幼儿的自我发展阶段中，有一个阶段与“逆反心理”是相关的，那就是幼儿的“冲动阶段”。他认为儿童的冲动有助于他们证实自己独立的一面。因此，处于“冲动阶段”的孩子经常会说“不”，还有“我要自己来做！”。这正是他们希望通过对成人观点和指令的否定来证明自己的存在，也是寻求成人对他们的尊重的一条途径，他们也希望通过自己做某些事情，向成人展示自己已经具备的能力。当孩子进入自我发展的下一个阶段后，他们这种“逆反心理”的表现就会不断减少。

埃里克森认为人的自我意识发展持续一生，他把自我意识的形成和发展过程划分为八个阶段，每个阶段都有自己要完成和发展的任务。（具体内容请看“重要参考”）

第一反抗期的幼儿正处于埃里克森人格发展理论的第二阶段，即自主与害羞和怀疑的冲突。这一时期，幼儿掌握了大量的技能，如爬、走、说话等，更重要的是他们学会了坚持或放弃，也就是说幼儿开始“有意志”地决定做什么或不做什么。这时候父母与幼儿的冲突很激烈，于是就出现了第一反抗期。一方面，父母必须承担起控制幼儿的行为使之符合社会规范的任务，即养成良好的习惯，如训练幼儿大小便，使他们对随地大小便感到羞耻，训练他们按时吃饭，节约粮食等；另一方面，幼儿开始有了自主感，他们坚持自己的进食、排泄方式。这时孩子会反复应用“我”“不”来反抗外界的控制。在这个阶段中，父母决不能听之任之、放任自流，这将不利于幼儿的社会化。反之，若过分严厉，又会伤害幼儿的自主感和自我控制能力。如果父母对幼儿的保护或惩罚不当，幼儿就会产生怀疑，并感到害羞。因此，把握好“度”，才有利于在幼儿的人格内部形成意志品质。

给幼儿教师的建议

幼儿在 3 岁左右会走出家庭进入幼儿园，幼儿教师和家长一样也是对幼儿有影响的重要他人，幼儿教师必须了解第一反抗期幼儿的特点，这样才能有针对性地施教，以下是对幼儿教师的建议。

（1）“慢”的教育。随着幼儿运动能力以及自我意识的发展，他们越来越想通过自己动手做事情来体现自己的存在。集体教学活动一环接一环，教师有时为了顺利地进入到下一个环节中，会帮助幼儿完成任务，而幼儿却“不领情”并闹情绪，因为教师剥夺了他们自己动手的权利。所以幼儿教师必须学会等待，进行“慢”的教育。

（2）转移注意法。幼儿的注意以无意注意为主，他们的注意很容易被身边的其他事物吸引产生注意转移。游戏是幼儿园的主要教学形式和活动，有时游戏的结束时间到了，可是幼儿还不愿离开游戏场地，这时，老师可以告诉幼儿接下来还有更好玩的游戏，以转移和吸引幼儿的注意，比如说：“孩子们，我们一会儿还要去玩海盗船，现在请你们把玩具收拾好。”幼儿的注意被下一个活动吸引，就会听从老师的话。

（3）时间提示。处于第一反抗期的幼儿，自己想做的事情越来越多了，教师必须赋予他们自己动手的权利，但是，也不能全依从幼儿的意愿无所限制。教师可以给幼儿限定一个时间，比如说玩某项玩具是可以的，但是只能玩多长时间，可以放一个小闹钟调好时间，闹钟一响幼儿就必须收拾玩具。这样，既满足了幼儿的意愿，也不影响教师的教学，更重要的是让幼儿学会了自我控制。

（4）尊重幼儿动手的机会。幼儿想要自己来做某事，而由于能力的限制总是会存在一些困难，但他们仍然会乐此不疲。比如，幼儿想用积木搭一座城堡，可每到一定的高度时城堡就倒塌了，这时，教师要做的不是去帮忙，而是用鼓励的话语给幼儿信心：“宝贝儿，你真有耐心，老师相信你一定可以搭成一座很漂亮的城堡。”

（5）制定规则。既要满足幼儿的需要，又不影响教师的正常教学，规则是保证。在活动前教师可以和幼儿一起商量规则，比如说玩的时间、玩的人数、玩的时候必须要注意的事项，规则一旦制定，幼儿就必须按照规则来活动。

给家长的建议

当孩子处于第一反抗期时，尤其需要父母的耐心疏导和引导，要引导和教育孩子去认识他尚不熟悉的世界，要及时表扬和善意地批评孩子，使孩子的身心得到正常发展。面对第一反抗期孩子“不”的反抗，父母不能一味地加以制止，而是要去了解孩子反抗的原因，才能“对症下药”。面对“反抗”的孩子，家长要“三思而后行”，以下是具体的建议。

（1）理解、尊重孩子。孩子喜欢和父母说“不”是开始建立独立和自尊的第一步，孩子的“不”表明了他想要和成人平等的愿望，因此父母首先要理解和尊重孩子，不要因此而对孩子大发脾气，更不要对孩子的行为强行干涉。

（2）接纳和安抚孩子的情绪。反抗期的孩子常常会因为自己做不到的事情而乱发脾气，父母要先安抚孩子的情绪，等孩子的情绪平静下来以后再和他讲道理。在孩子发脾气时，父母可以将他抱在怀里，一边摇晃一边哼些孩子熟悉的歌使他平静，也可以对着孩子的耳朵轻声地说些话来表达对孩子的爱，比如“宝贝儿，我很爱你哦，我的爱有花那么大……有树那么大……有天空那么大……有大海那么大……”然后，让孩子一起来想还有什么更大的东西。这样，就可以避免孩子因为自己的“不能干”而对自己失去信心。

（3）多项选择法。反抗期的孩子有了自己的主见，不再顺从父母的话。当亲子间出现意见冲突的时候，父母不要坚持自己的意见，而是要多给出一些选项来让孩子进行选择。比如，当孩子不肯睡觉时，可以试试这样的方法:“宝贝儿，时间很晚了，现在必须睡觉了，因为明天还要上幼儿园，如果你现在还不想睡觉，可以选择再玩10分钟或者听一个故事，你选择哪一个?”这种多项选择法在与有主见的孩子打交道时非常奏效，即使父母给出的方案不是孩子原来想要的，但是由于他喜欢自己拿主意、做决定的感觉，所以能接受这些方案并进行选择，并且因为方案是自己选择的，所以他也会非常乐意去执行。

（4）转移注意法。幼儿的注意以无意注意为主，孩子年龄小注意力不集中，因此注意容易转移。反抗期的孩子性情急躁，不听话，如果孩子正在乱发脾气，父母可以做些奇怪有趣的举止，例如突然把电灯关掉又打开，或者是另外分配孩子去做别的有趣的事情，以此来转移孩子的注意。

（5）约法三章法。3岁开始幼儿处于秩序敏感期，父母可以利用孩子的秩序心理和他共同商定日常的作息时间及对某些事情的处理方式，需要注意的是规则一定要共同商定，否则一个外在的规则会被孩子视作强加的而加以排斥。一旦孩子参与了制定，他便会觉得这些规则很神圣，会努力遵守。在发生冲突的时候，父母要提醒孩子遵守约定。如在外出逛超市前，先同孩子商量好不买东西，可是孩子一见到自己喜欢的物品时就会驻足不前，甚至会发脾气。这时，父母一定不能心软，而是要坚决执行约定，几次之后，孩子就会明白，不是所有的要求都是可以通过哭闹而获得满足的。

（6）自然后果法。每个行为都会产生一个相应的后果，运用孩子自身的行为后果自然而然地惩罚他的行为，就是自然后果法。比如：在吃饭的时间，叫孩子吃饭而他不肯吃，那么就可以先不管他，他饿的时候即使不喂他，他也会自己吃了。

重要参考

埃里克森的人格发展阶段理论

埃里克森认为人的自我意识发展持续一生，他把自我意识的形成和发展过程划分为八个阶段，并提出了每个阶段的发展任务，这八个阶段的顺序是由遗传决定的，但是每一阶段能否顺利度过是由环境决定的，因此这个理论可称为“心理社会”阶段理论。

第一阶段为婴儿期，是从出生到 2 岁。婴儿在本阶段的主要任务是满足生理上的需要，发展信任感，克服不信任感，体验着希望的实现。

第二阶段为儿童早期，约从 2 岁到 4 岁。在这个阶段儿童主要是获得自主感而克服羞怯和疑虑，体验着意志的实现。

第三阶段为学前期或游戏期，从 4 岁到 7 岁左右。本阶段儿童的主要发展任务是获得主动感和克服内疚感，体验着目的的实现。

第四阶段为学龄期，从 7 岁到 12 岁。本阶段的发展任务是获得勤奋感而克服自卑感，体验着能力的实现。

第五阶段为青年期，从 12 岁到 18 岁。这一阶段的发展任务是建立同一感和防止同一感混乱，体验着忠实的实现。

第六阶段是成年早期，从 18 岁到 25 岁。这一阶段的发展任务是获得亲密感以避免孤独感，体验着爱情的实现。

第七阶段是成年中期，从 25 岁到 50 岁。这一阶段的发展任务是获得繁殖感而避免停滞感，体验着关怀的实现。

第八阶段为老年期（成年晚期），直至死亡。这一阶段的发展任务是获得完善感，避免失望和厌倦感，体验着智慧的实现。

26. 善于察言观色的孩子

——幼儿从大人的反应中学习应对周围的一切

几个小故事

肚子疼的妮妮

早上，妈妈把妮妮送到幼儿园，校医准备给她做晨检，这时妮妮对妈妈说："妈妈，我肚子好疼。"妈妈一听很着急，跟老师打了个招呼就把妮妮带回去了。在去医院的路上，妮妮跟妈妈说又觉得肚子不疼了。妈妈嫌麻烦就没再送妮妮上幼儿园。第二天，妈妈把妮妮送到幼儿园门口，妮妮捂着肚子说："妈妈，我的肚子又好疼。"妈妈很焦急：怎么会无缘无故肚子疼呢？因此，妈妈又把妮妮带回去了。就这样，妮妮"肚子疼"了好几天。一天，妈妈出差了，只能由爸爸送妮妮上学。爸爸将妮妮送到门口，妮妮又故技重演，没想到爸爸把妮妮交给老师："妮妮肚子有点不舒服，麻烦老师带她去校医那里看一下，没什么问题的话就让她在幼儿园吧。"说完爸爸就上班去了。第二天，妮妮很自然地走进教室，也不说肚子疼了。爸爸发现了这个小秘密——妮妮不想上学，就在妈妈面前假装肚子疼。可是爸爸似乎不吃这一套，因此，妮妮在爸爸面前就不装了。

不会穿衣服的孩子们

小（4）班有两位老师——李老师和王老师。每天午睡起床对李老师来说都是一件令其感到头疼的事，冬天孩子衣服穿得多，午睡时每个孩子要脱两三件衣服，起床的时候又要帮孩子们穿上，往往一穿就得花半个小时。而王老师则相反，王老师先跟孩子们讲了穿衣服的方法，然后鼓励孩子们自己穿，自己穿好衣服的小朋友可以先去自选区域活动或者可以得到一个小奖励，有时是小红花，有时是小糖果。孩子们的积极性明显提高了。王老师发现，刚开始孩子们穿衣服令人啼笑皆非，有里外穿反的，有上下穿反的，甚至有打着结穿的。不管孩子们穿成什么样子，王老师都会给予肯定，能力差的孩子，哪怕只穿了一件背心，王老师都会给予大大的表扬。细心的保育老师发现，只要是王老师当班，孩子们都愿意自己穿衣服；而李老师当班，大部分孩子都坐在床上等着老师帮忙穿衣服。

爱哭的蒙蒙

蒙蒙是个非常娇气的女孩，她遇事的第一反应就是哭。为了搞清她哭的原因，老师对她进行了跟踪调查。蒙蒙第一次哭，原因是凡凡带糖来吃，没分给她。凡凡见老师来了，立刻拿了一块糖给她，她就停住了哭声。蒙蒙第二次哭是在厕所里，经询问，原来是她要上厕所，有人跟她抢第一，她不肯，然后就哭了，别人见她哭，就让给了她。蒙蒙第三次哭是在绘画活动中，凡凡因没带画笔，就向她借一支用，她不肯，就哭起来，嘴中还念道："妈妈不让。"

打小报告的丁丁和婷婷

小班的孩子遇到同伴之间的矛盾时首选的方式就是告状，被告状的孩子往往会受到老师的批评。一次丁丁和玲玲争抢玩具，玲玲威胁丁丁："如果再不把玩具换给我，我就告诉老师。"丁丁装作没听见，继续拿玲玲手中的玩具。玲玲无奈，只好跑去找王老师："王老师，丁丁抢我的玩具。"王老师一听就过来干预。丁丁看老师来了，立刻放下玩具跑了。王老师看丁丁不再拿玲玲的玩具，就对玲玲说："丁丁现在没有拿你的玩具，你可以去玩了。"

同样是两个小朋友发生矛盾。婷婷哭着来找李老师："乐乐他推倒我。"乐乐看到婷婷告状并没有感到不安，而是安静地看着李老师走来。李老师蹲下来，轻声地问："乐乐，发生什么事了？"乐乐告诉李老师："因为婷婷拿走我的书，我让她还给我，等我看完了再给她看，她不听，我只好抢回来，不小心把她推倒了。”李老师明白了是怎么一回事，问婷婷：“是这样吗？”婷婷委屈地抹着眼泪：“可是乐乐把我推倒了呀。”李老师告诉婷婷：“乐乐把你推倒了是不对，但是他是因为你先抢书才不小心把你推倒的，你应该跟乐乐道歉。”同时李老师转向乐乐：“虽然你是不小心把婷婷推倒的，可是她是因为你才摔跤的，摔跤有点儿疼，你愿意安慰一下婷婷吗？”于是问题很愉快地解决了，婷婷跟乐乐说：“乐乐，对不起，我不应该抢你的书。”乐乐跟婷婷说：“婷婷，我不小心推倒了你，你现在还疼吗？”

为什么会这样

第一个故事中，妮妮从妈妈焦急的神态中知道妈妈担心自己，因而不断地假装肚子疼，来达到不上幼儿园的目的。当这一方法在爸爸面前并不管用的时候，妮妮便放弃了。

故事二中小（4）班的孩子是可以自己穿衣服的，为什么他们在李老师和王老师的面前有不同的表现呢？原因可以从李老师和王老师的眼神、语言和行为中找到。李老师给孩子们的暗示是：你们不会，所以我要帮你们穿。而从王老师的眼神中，孩子们看出王老师并没有帮小朋友穿衣服的意思，因而只好自己穿。在得到王老师的鼓励与肯定后，孩子们发现自己是有能力穿衣服的，所以更加愿意也喜欢自己穿。

故事三中的蒙蒙，第一次哭后，她得到了一块糖；第二次哭后，她争得了第一个上厕所的机会；第三次哭后，别人不敢拿她的东西了。渐渐地，哭变成了她达到自己目的的武器。也正因为如此，她变得越来越自私，越来越爱哭。据了解，蒙蒙在家也是如此，只要不合她的意，她就哭，父母怕麻烦，总是一味地满足她。因此，蒙蒙认为，用哭的方式可以轻易地得到自己想要的。

故事四中，为什么丁丁和乐乐的反应不同呢？王老师处理孩子矛盾的方式是，不管谁来告状，不管事情来由，先把被告状的孩子批评一顿。因此丁丁在没有看到王老师之前依然拿玲玲的玩具，而看到王老师向自己走来，因为害怕批评就跑开了。因为丁丁没有再拿玲玲的玩具所以王老师不再追究。丁丁很显然知道，只要自己不再拿玲玲的玩具，王老师就不会批评他了。李老师的处理方法不同，乐乐看到婷婷去告状，没有紧张，反而安静地等待李老师的到来。因为他知道，只要自己是对的，就可以跟李老师理论，而李老师也会搞清楚事情的来龙去脉，不会盲目批评他。

心理学家怎么说

著名心理学家斯金纳是新行为主义学习理论的代表人物。斯金纳在对学习问题进行了大量研究的基础上提出了强化理论，强调强化在学习中的重要性。强化就是通过强化物增强某种行为的过程，而强化物就是增加反应可能性的任何刺激。

斯金纳把强化分成积极强化和消极强化两种。积极强化是获得强化物以加强某个反应，如鸽子啄键可得到食物。消极强化是去掉可厌的刺激物，是由于刺激的退出而加强了那个行为，如鸽子用啄键来去除电击伤害。教学中的积极强化是教师的赞许等，消极强化是教师的皱眉等。这两种强化都增加了反应再发生的可能性。斯金纳认为不能把消极强化与惩罚混为一谈。他通过系统的实验观察得出了一条重要结论：惩罚就是企图呈现消极强化物或排除积极强化物去刺激某个反应，仅是一种治标的方法，它对被惩罚者和惩罚者都是不利的。他的实验证明，惩罚只能暂时降低反应率，而不能减少消退过程中反应的总次数。

根据斯金纳的强化理论观点，如果成人满足了幼儿以哭闹得来的无理要求，实际上是强化奖励了幼儿的不良行为，随着年龄的增长，幼儿逐渐学会了可以用什么样的方法来达到自己的目的，无理的要求可能会越来越多。相反，如果成人无视这种要求，那么幼儿这种无理的方式会慢慢转变；或者成人如果对幼儿某个正确的行为给予肯定，强化幼儿的良好行为，那么幼儿会逐渐明白是非对错，学习良好的行为。

给幼儿教师的建议

幼儿会从成人的眼神、言语和行为中发现成人对自己行为的认可、表扬或否定，幼儿教师在日常生活中可以利用幼儿的这一特点来处理幼儿行为方面的问题。具体建议如下。

（1）运用强化法，使用正强化手段，肯定幼儿正确的行为、进步的举动。教师的语言和行为的鼓励会让幼儿发现自己是有能力的，是可以处理问题的。如幼儿发生矛盾时，对于能主动跟对方道歉的幼儿给予表扬，鼓励其行为；对于经常犯错的幼儿偶然出现的正确行为表示赞赏，不断发现该幼儿的偶然的积极行为，幼儿会慢慢发现自己的优点，从而发扬自己的优点。

（2）给予幼儿正面的引导，教师的态度决定幼儿的行为方式。幼儿之间发生矛盾时，教师不要急于分清对错、批评幼儿，而应听听幼儿怎么说。亲和、耐心的态度会让幼儿产生信任感，更愿意以积极的态度面对问题。这样的幼儿更容易产生亲社会行为，愿意帮助、分享、合作、关爱等。

（3）运用消退法，对于幼儿大哭大闹的行为采用冷处理的方式。在活动中，每当发现幼儿因与人发生冲突而哭闹时，教师不要立即去解决哭闹的问题，而应在一旁静观事态的发展，适当地将发生冲突的幼儿拉开解决问题，渐渐地，幼儿会发现，他哭时没人站在那一边，也就不哭了，而是会寻求其他方式来获得帮助。

（4）每个人都需要赏识，喜欢被赞美、被肯定，尤其是“调皮”的幼儿，他们的内心敏感、脆弱，往往心理压力较大，经常以各种叛逆的行为来挑战班级常规。这时，他们需要的是理解与鼓励，如果教师采取忽视或不满的“负强化”态度，就会令幼儿丧失自信与自尊。如果教师能从细节处维护幼儿的尊严，给他们更多的机会，发现其身上的闪光点，他们就会有要表现得更好的愿望和动力。

（5）随时观察幼儿的活动和行为，及时帮助幼儿调节和控制自己的行为。教师要通过观察幼儿的行为进而反思自己的教学方法与态度，以及与幼儿的相处方式是否恰当；反思自己的行为与处理方式是否给幼儿带来了不良影响，是否能有效地强化幼儿的正确行为，消除其不良行为。

给家长的建议

在家庭教育中，父母也可以借助斯金纳的强化理论的观点，处理与孩子相处中的各种问题。具体建议如下。

（1）利用正强化法，多向孩子传达积极信息。父母应对孩子充满信心。抓住一切时机，引导孩子看到自己的优势。千万不要总是强调孩子的不足。在这样的环境中成长，孩子会越来越优秀，也会越来越自信。

（2）父母教育孩子的要求、观点应保持一致。尤其是在面对孩子的不合理要求时，父母应统一要求。如果一个严、一个宠，那么孩子的任性会愈演愈烈，很难得到纠正。

（3）利用负强化法，不一味地满足孩子的要求。得不到满足的孩子通常借助在地上打滚、不停地哭闹、乱扔东西等行为来表达他的情绪、要求。父母应无视孩子的这一系列行为，让孩子渐渐减少这些行为，从而寻求其他合理的解决问题的途径。

（4）不要随意惩罚孩子。如果孩子的行为不符合父母的要求，父母就取消其看电视或出去游玩的权利，可能会给孩子带来负面影响。

重要参考

强化幼儿的积极行为

幼儿善于从成人的反应中学习应对周围的一切。斯金纳的强化理论强调了“强化”与“奖励”的内在联系。他认为习惯的形成需要积极的奖励，如果没有这种及时和必要的奖励，有机体（人和动物）是不可能形成某种习惯的。有机体在多次获得奖励后能够逐渐形成比较复杂的行为并将其巩固下来。成人不断的鼓励与强化会让幼儿渐渐习得正确的行为，慢慢适应简单的行为规则，辨别是非对错，从而应对遇到的问题或矛盾。成人要合理地运用强化理论，不断强化幼儿的良好行为，使其获得良好的行为习惯。

27. 有怎样的父母就有怎样的孩子

——模仿是幼儿社会学习的主要途径

几个小故事

洗脚公益广告

中央电视台近年热播一则公益广告，广告讲的是一位年轻母亲在给自己的儿子讲小鸭子的故事，讲完后，母亲去给孩子的奶奶端洗脚水洗脚……当妈妈给孩子的奶奶洗完脚，回到自己的房间里时，发现儿子不见了，回头一看，只见她的儿子正吃力地端着满满的一盆水，蹒跚地走过来童声童气地说："妈妈洗脚。"妈妈欣慰地笑了。随后电视画面上跳出一行字："其实，父母是孩子最好的老师。"

一只木碗的故事

一位老母亲生病了，生活无法自理，只得和儿子、儿媳还有孙子一同居住，但儿子不让母亲与他们同桌吃饭。老人吃饭的时候手总是发抖，因此打碎了好几个碗，儿子心疼买碗的钱，就给母亲做了一个木碗，每顿饭都把饭和菜一股脑儿盛在木碗里端给母亲，这样即使木碗掉下来也不会碎。有一天，老太太的儿子看到他4岁的儿子也在做木碗，他很不能理解，就问儿子："你做木碗做什么用啊？"他儿子答道："等你将来和奶奶一样老的时候，我就给你用啊，这样就不会打碎碗了，我也好省了买碗的钱。"老太太的儿子听后，觉得特别羞愧，于是老人又和儿子、儿媳、孙子一起坐在餐桌旁用餐了。

拍积木的小老师

在区角活动中，有6个小朋友选择了结构游戏区，陈老师让刘兵当“小老师”，组织活动，发现他的一举一动都很像自己。突然刘兵小朋友向大家说：“不要说话。”还用手拿两块大积木拍打。陈老师马上走过去问：“你为什么拍积木呀？”他抬起头看着陈老师说：“前天上课时，有几个小朋友不听话，你不是拍桌子了吗？我这样做他们就不讲话了。”陈老师想起那天上课时的情景，后悔极了，没想到自己一个小小的动作，竟如此影响到了孩子，由此可见，老师的一言一行对幼儿起着多大的作用啊！

为什么会这样

上面的几个小故事其实都体现了幼儿善于模仿的特点。模仿是幼儿社会学习的主要途径。所谓模仿，是指个体自觉或不自觉地重复他人行为的过程，儿童的动作、语言、技能以及行为习惯、品质等的形成和发展都离不开模仿。

为什么广告中的孩子会那么孝顺呢？因为他有一个榜样，那就是他的母亲，就像广告中说的那样，“父母是孩子最好的老师”。父母的一言一行深深地影响着孩子的人生观、世界观。孩子如同一张白纸，父母在纸上画优画拙完全取决于他们自身的素质。有句话说得好：“从小孩子的行为中可以看出其父母的品行。”

第二个故事中，因为父母没有给孩子树立一个好榜样，他们对待自己母亲的不良行为让孩子看到了，于是模仿他们，俗话说“养不教，父之过”，做父亲的没有给儿子做好榜样，心中没有孝心，怎么能要求儿子将来孝敬父母呢？孩子并不理解行为的意义，他只是在简单地模仿。如果想要孩子发展积极良好的行为，父母必须给孩子树立良好的榜样。

第三个故事中，刘兵小朋友明显是在模仿自己的老师，因为平时在小朋友们说话时，为了让大家安静下来，老师无意间会做一些动作，而这些无意识的动作和语言却深深地印在了孩子们的脑海中，他们会进行无意识的模仿，在某些相似的场合会模仿老师的动作和语言。

心理学家怎么说

著名社会心理学家班杜拉通过一系列的实验发现，儿童通过观察榜样进行模仿来学习。所谓观察学习是指个体通过观察榜样在处理刺激时的反应及其受到的强化而完成学习的过程。人类的大部分行为是通过观察学习而获得的，观察学习在人类学习中占有十分重要的地位，尤其是在青少年儿童的学习中，观察学习的地位就更为重要。模仿则是指个体在观察学习时，对社会情境中某个人或团体的行为进行学习的历程。日常生活中，女孩见妈妈涂口红，趁着妈妈不在时自己也涂起口红；男孩看见爸爸抽烟，也会学着抽烟，连姿势和动作都非常逼真。社会学习理论强调，在社会情境中个体的行为因受别人的影响而改变。个体行为何以受别人行为的影响而发生改变？社会学习究竟是如何产生的？为解答这些问题，班杜拉进行了比较系统的研究，积累了丰富的实证资料。

班杜拉观察学习的实验研究

班杜拉以儿童的外部行为作为研究的出发点，通过一系列实验对儿童的社会学习行为做了大量的研究，下面介绍班杜拉关于观察学习的两个经典实验。

模仿学习的实验是这样的：将被试儿童分为甲、乙两组，在实验的第一阶段安排两组儿童分别看一段录像片，甲组儿童看的录像片是一个大孩子在打一个玩具娃娃，过了一会儿进来一个成人，给大孩子一些糖果作为奖励。乙组儿童看的录像片开始也是一个大孩子在打一个玩具娃娃，过了一会儿进来一个成人，为了惩罚这个大孩子不好的行为，就打了他一顿。看完录像片后，班杜拉把两组儿童逐个送进一间放着玩具娃娃的小屋里，结果发现，甲组儿童都会学着录像片里大孩子的样子打玩具娃娃，而乙组儿童却很少有人敢去打一下玩具娃娃。这一阶段的实验说明，对榜样的奖励可使儿童效仿榜样的行为，对榜样的惩罚则使儿童避免榜样的行为。在实验的第二阶段，班杜拉鼓励两组儿童学录像片里大孩子的样子打玩具娃娃，谁学得像就给谁糖吃。结果两组儿童都争先恐后地使劲打玩具娃娃。这说明通过看录像，两组儿童都已经学会了攻击行为。第一阶段乙组儿童之所以没有人敢打玩具娃娃，只不过是因为他们害怕打了以后会受到惩罚，从而暂时抑制了攻击行为，而当条件许可时，他们也会像甲组儿童一样把习得的攻击行为表现出来。

班杜拉的另一项实验研究，对比了口头劝说和榜样行为对儿童利他行为的影响。实验是这样进行的：先让小学三、四、五年级的儿童做滚木球游戏，作为奖励，他们在游戏中都得到了一些现金兑换券。然后，把这些儿童分成四组，每组有一个实验者的助手装扮的榜样参与。第一组儿童和一个自私自利的榜样一起玩，这个榜样向儿童宣扬要把好的东西留给自己，不必去救济他人，同时也带头不把得到的现金兑换券捐献出来。第二组儿童和一个好心肠的榜样一起玩，这个榜样向儿童宣扬自己得了好东西还要想到别人，并且带头把得到的兑换券捐献出来。第三组儿童和一个言行不一的榜样一起玩，这个榜样嘴上说人人都应该为自己考虑，实际上却把兑换券放入了捐献箱。第四组儿童的榜样则嘴上说要把得到的兑换券捐献出来，实际上却只说不做。实验结果是第二组、第三组捐献兑换券的儿童比第一组和第四组明显要多。这清楚地表明劝说只能影响儿童的口头行为，而对实际行为则没有影响；行为示范对儿童的外部行为会有非常显著的影响。

班杜拉的社会学习理论对当今的儿童教育具有相当大的启发作用，当然也给了教育者启示：应该给孩子判断行为正确与否的标准，给孩子树立好的榜样，让孩子的观察学习及对榜样的模仿真正有意义。

给幼儿教师的建议

班杜拉的研究结果表明，幼儿最喜欢模仿的对象是重要他人、同性别的人、同社会阶层的人、曾获得奖励或荣誉的儿童，教师在日常教学及生活中如能掌握这些原则，并在适当的时候安排楷模出现，将有助于幼儿的观察学习与模仿。

（1）小老师制度。在培养幼儿某方面的行为习惯时，可以请表现好的幼儿当小老师，作为其他幼儿的行为榜样。当教师对小老师的好行为进行强化时，同时也间接强化了其他小朋友需要学习的行为。

（2）以身作则。俗话说“身教重于言教”，教师是幼儿模仿的重要他人，其一言一行都对幼儿产生着重要影响，因此，教师平时要注意自己的言行举止。

（3）社会性增强。如微笑、点头示意、一句鼓励的话都是社会性增强。教师在幼儿表现出良好的行为时，应多给予他们这些温暖的社会性增强。

（4）引导幼儿模仿积极的行为榜样。针对幼儿模仿性强的特点，教师可以将幼儿从无意识的模仿引导到有意识的模仿，引导他们学习积极的行为榜样。积极的动画形象、优秀的文学作品人物形象，是幼儿模仿的最好榜样。

（5）引导幼儿从模仿榜样的外在行为到认识榜样的内在实质。幼儿的模仿具有盲目性，他们往往都是模仿榜样的外部行为。教师需要引导幼儿认识到榜样的内在精神实质，促使幼儿的模仿行为从感性模仿向理性模仿转变和发展。

给家长的建议

家庭是孩子的第一所学校，父母是孩子的第一任老师，父母的行为会对孩子产生重要影响。模仿是幼儿的一种天性，也是一种很重要的学习手段，利用模仿可促进幼儿的行为及动作技能的发展。以下是给父母的一些建议。

（1）有选择性地模仿。孩子的模仿具有盲目性，他们往往看到什么就模仿什么，父母应该教会孩子有选择性地模仿。当孩子模仿的是正面形象时，父母要给予鼓励；当孩子模仿负面的形象时，父母要耐心进行教育，然后教会孩子正确的行为，切忌对孩子大吼大叫。

（2）为孩子树立正确的榜样。孩子是父母行为的镜子，有怎样的父母就有怎样的孩子。父母是孩子的直接模仿对象，要想孩子表现出积极正确的行为，父母一定要注意自己日常生活中的一言一行，给孩子树立模仿的榜样。父母有好的生活习惯，孩子也会形成好的生活习惯；父母有修养，孩子的行为方式也会彬彬有礼。

（3）鼓励和帮助孩子模仿。模仿是幼儿学习的手段，父母应鼓励和帮助孩子进行模仿，如孩子会模仿大人吃饭的样子，慢慢学习怎样拿筷子，逐渐变得独立起来，模仿动作让孩子渐渐具备了基本的行为能力，成为“小大人”。

（4）在模仿中创新。模仿的同时，孩子也在理解。以语言发展为例，并不是孩子首先听到人们说话，然后才能说出同样的话，实际上，孩子通过听觉的发展，逐渐地积累和模仿学习音符、音节和词语。孩子会逐渐意识到语言与事物的联系，然后开始运用语言表达自我。

（5）给孩子创造模仿的机会和条件。父母可以通过给孩子讲故事的方式，让孩子了解某个积极、正面的榜样，然后在生活中创造一些情境，让孩子来模仿榜样的行为。

重要参考

幼儿的观察学习与模仿

在观察学习与模仿的历程中，需要经过以下四个阶段。

（1）注意阶段，指在观察学习时，个体必须注意楷模所表现的行为特征，并了解该行为的意义，否则无从通过模仿把它变成自己的行为。

（2）保持阶段，指个体观察到楷模的行为后，必须将观察所见转换为表征性的形象或表征性的语言符号，方可保留在记忆中。

（3）再生阶段，指个体观察楷模的行为表现后，将其纳入记忆，其后再从记忆中将楷模的行为提取出来，在自己的行动中表现出来。也就是说，在观察早期的注意与保持阶段，不仅由楷模行为学到了观念，而且也通过模仿学到了行动。

（4）动机阶段，指个体不仅通过观察模仿从楷模身上学到了行为，而且也愿意在适当的时候将习得的行为表现出来。

28. 放手让孩子去尝试与犯错
——幼儿的尝试与错误

几个小故事

自己穿衣服的涵涵

涵涵3岁了，她开始学着自己穿脱简单的衣服了。冬天来了，涵涵穿的衣服比较多，而且外套是有拉链和扣子的，妈妈怕涵涵着凉，会帮助涵涵穿衣服，可涵涵总是坚持自己穿外套，自己拉拉链和扣扣子。刚开始的时候，她总会将扣子扣错位置，衣服穿得不整齐，可涵涵仍然不要妈妈帮忙，会一次一次地尝试着将扣子扣好。自己穿好衣服后，涵涵满脸的开心，妈妈也为涵涵感到高兴。

在尝试中学会了开锁的萨利

中国留学生小陈在一个美国家庭当助理。一天，这个家庭中最小的孩子4岁的杰瑞不小心把玩具房的门锁上了。杰瑞的妈妈正在厨房忙着做午餐，杰瑞请求妈妈的帮助，妈妈拿了房间的钥匙给他，并跟他说："宝贝儿，妈妈现在很忙，你自己拿着钥匙把门打开好吗？"于是杰瑞拿着钥匙自己去开门了，他试了很多次才把钥匙塞进锁孔里，可是开的方向不对，锁一直没有打开。小陈在旁边一直看着，忍不住想要过去帮忙，杰瑞的妈妈制止了小陈，对小陈说："让他多尝试几次吧，在尝试的过程中他自己就会摸索出怎样开锁的。"小陈只好在旁边耐心地看着。杰瑞尝试着往不同的方向转动钥匙，终于把门打开了，他的脸上露出了开心的笑容。

瓷杯会不会破碎?

有一年幼儿园的陈老师带中班的时候，班上有一个叫妞妞的孩子有一次因好奇，想“鉴定”一下瓷杯究竟会不会破碎，竟当着陈老师的面拿起陈老师喝水的瓷杯往地上摔。面对满地的碎片，妞妞自知犯了错误，害怕地低下了头。陈老师没有马上批评妞妞，而是询问妞妞为什么要打破瓷杯。当搞清楚原因之后，陈老师叫妞妞和她一起打扫碎片，并教给妞妞瓷器易碎的常识。后来妞妞从易碎的瓷器联想到同样易碎的玻璃杯、镜子、瓶子、眼镜等，自觉地学会了保护和使用这类物品，再也没有摔碎过任何东西。

为什么会这样

人类的学习过程一直就是“错误—学习—尝试—纠正”不断往复的过程，以上几个故事都说明了尝试与错误在幼儿学习与成长过程中的作用。

随着幼儿年龄的增长、自我意识的萌芽以及动作能力的发展，他们开始以自己的方式认识和探索这个世界，他们对未知的世界充满了好奇，对各种事情都有了参与意识，有了尝试的愿望。但是由于他们在各方面都还不成熟，于是在尝试的过程中又总是会伴随着很多的错误。

第一个故事中的涵涵，随着自主意识的发展，开始尝试自己的事情自己做，虽然还没有完全学会穿脱衣服，但是仍然坚持“自己来”，经过一次又一次的尝试，终于学会了自己穿有拉链和扣子的衣服。

第二个故事显示出了国内外对待孩子尝试与错误的两种不同的态度。中国家庭中如果孩子在尝试过程中迟迟没有成功，家长就会采取行动去帮助孩子；而美国家庭中家长则给予孩子更多的时间和机会，让孩子有更多的时间去尝试。杰瑞在不停的尝试过程中最终学会了开锁，这个探索的过程就是一个不断纠错、不断学习的过程。

第三个故事中的妞妞因为好奇，想知道瓷杯掉在地上会出现什么样的结果，于是将老师的瓷杯摔在了地上，当看到地上的碎片时，她知道自己做错了，同时她也知道了原来瓷杯掉在地上会破碎。经过老师的教导，她了解了很多关于瓷器的知识，还联想到了很多易碎物品，并学会了使用和爱护这些易碎物品。

心理学家怎么说

尝试—错误说是由美国著名心理学家桑代克提出的，这是一个关于人类学习的理论学说，用以解释人类是如何学习和解决问题的。

桑代克从联想心理学的“观念联结”观出发，做了一系列动物学习实验，他的实验是把一只饥饿的猫放入特制的迷笼中，把食物放在笼子外面，使得猫可望而不可即。刚开始时，猫总是乱撞乱叫，试图挤出迷笼，在一系列盲目的冲撞之后，猫偶然触动了开关，笼门自动打开，于是猫得到了食物。再一次把猫放入笼子，猫仍然表现出很多冲撞行为，多次重复之后，盲目次数相对减少，从笼子逃出的时间越来越短。最后，猫一进笼子就去触动那个开关，出来获取食物。因此，桑代克认为，迷笼里的猫虽然最初是盲目乱撞，但经过反复尝试后，能够逐渐学会打开笼门，即在“迷笼”情境和触动开关的动作之间建立了联结。

桑代克根据这些动物实验，提出了以“尝试—错误”为中心的系列学习定律和原理。当动物或人类面对新的情境，不知道如何去应对时，便会运用日常采取的各种方法，运用已有的经验去不断尝试，众多的尝试行为中有些是正确的，有些是无用的或错误的，经过多次尝试、反复练习，逐渐淘汰错误的或无用的行为，保留有效、正确的行为，最后达到学习的成功。

给幼儿教师的建议

幼儿的学习总是伴随着尝试和错误，经过一次一次的尝试，他们总结经验，从而获得学习的成功。了解幼儿的这一发展特点，教师便能在日常教学中采取相应的手段和方法来促进幼儿的学习和发展，以下是对幼儿教师的具体建议。

（1）允许幼儿犯错。教师要正确对待幼儿犯错，给予幼儿尝试的机会。幼儿学习自己拿勺子吃饭，总是会将桌面弄脏，但是学会拿勺子这个技能必须经过幼儿自己不断的尝试。

（2）等幼儿说完话再做判断。了解幼儿的一个重要途径就是听其言，而听其言的技巧就在于听话不能只听一半，万不可没等幼儿把话说完，就“以成人之心度幼儿之腹”，主观地做出判断。正如第三个故事中的陈老师，如果不问妞妞为什么要摔杯子就对其行为进行批评，将大大打击妞妞的好奇心，只有询问幼儿行为背后的原因，才能真正理解幼儿的行为。

（3）批评可以是“甜”的。同样是批评，“甜甜”的批评是善意的，更容易让幼儿接受，因为善意的批评包含着批评者对被批评者的爱。当幼儿意识到“爱”时，就会欣然接受批评并及时改正错误。

（4）提供给幼儿操作的机会与材料。幼儿的认知是在与周围环境及物体的相互作用过程中得到发展的，教师必须给幼儿提供丰富的操作材料，让幼儿自己动手进行操作，在操作过程中学会新的技能技巧。比如说，教师可以在活动区给幼儿提供提高生活技能的夹夹子、解扣子等的玩具，让幼儿在游戏操作中学习。

（5）正确对待幼儿的不同错误。幼儿的错误可分为两种：一种是教师必须立即予以纠正的，如乱丢垃圾，不讲卫生、欺侮弱小等，一旦发现这样的行为，必须马上教育其加以改正；而另一种则是幼儿能够自行纠正的（主要是如何适应生活），是允许其犯错误的，正如第一个故事中的涵涵。幼儿不断“犯错误”的过程其实正是不断改正错误、完善方法的过程，假如不给幼儿自己学习穿脱衣服的机会，不仅剥夺了幼儿学习的乐趣，也会使他们变得懒于动手、疏于尝试，习惯于依赖成人。

给家长的建议

犯错，是孩子告别不足、走向正确的必要台阶。没有尝试何来成功？不肯放手何来成长？尝试错误，成功就不远了。父母应该允许孩子犯错误。那么父母该如何对待孩子的尝试与错误呢？以下是具体的建议。

（1）给孩子尝试的机会。当孩子要求做某种尝试时，即使成人知道会有许多困难或者不会成功，也还是应该给他一次尝试的机会。比如，在孩子学习拿勺吃饭、穿衣服等过程中，父母应该放手让孩子自己去尝试学会这些本领。

（2）与孩子分析错误的原因。在孩子犯错的时候，父母不要大发雷霆，也不要埋怨和奚落孩子。而是应该与孩子一起分析为什么会犯错误，帮助孩子从失败和错误中走出来，找到解决问题的方法和战胜困难的自信。

（3）鼓励孩子、增强自信心。如果孩子在尝试新事物的过程中犯了错误或遭到失败，父母应该鼓励孩子再次进行尝试，让孩子的自信心在不断尝试的过程中得到增强。比如，孩子想帮妈妈洗碗，结果不小心将碗打破了，这时，妈妈不要指责和埋怨孩子，而是应该告诉孩子怎样才能把碗洗干净同时又不会摔破碗，同时鼓励和安慰孩子，“不要泄气，下一次再努力一点就成功了”。

（4）重视情感沟通。犯错后孩子会为此自责的，这个时候，父母在教育孩子时要入情入理，注意感情上的沟通，不要空洞说教引起孩子的反感。可以说些夸奖孩子的话，如“你已经很努力了！”，让孩子接受，然后再与孩子一起分析失败的原因，最后不要忘记继续鼓励孩子：“如果你再试一次，一定会做得更好！”

（5）与孩子分享自己小时候犯错的故事。每个人在成长过程中都必然会犯错，向孩子讲述你自己曾经的过失，向他解释你为什么会犯这个错误，告诉他，你会用怎样的办法去避免重犯。让孩子知道原来爸爸妈妈在小时候也会犯错误，犯错误是允许的，不要害怕犯错，只要将错误改正就是好孩子。

（6）要提高孩子辨别是非的能力。孩子好奇、好动，但知识有限、能力有限，才会经常犯错。父母要向孩子传递一些辨别是非的知识，让孩子懂得什么是对、什么是错。父母可以与孩子谈心，交流一下感情，传递一些道德知识，提高孩子的道德认识水平，也可在玩的过程中培养和提高他的认识和评价能力。

重要参考

桑代克的学习律

桑代克认为，学习遵循着三条重要的原则。

（1）准备律：它是指学习者在学习开始时的预备定式。学习者有准备而活动就感到满意，有准备而不活动则感到烦恼，无准备而被强制活动也会感到烦恼。

（2）练习律：它是指一个学会了的反应的重复将增加刺激—反应之间的联结，也就是刺激—反应联结的练习和使用越多，就越强，反之就越弱。在后来的著作中，桑代克做了修改，因为他发现没有奖励的练习是无效的，联结只有通过有奖励的练习才能增强。

（3）效果律：如果一个动作跟随着情境中一个满意的变化，在类似的情境中这个动作重复的可能性将增加；但是，如果跟随的是一个不满意的变化，这个行为重复的可能性将减少。可见一个人当前行为的后果对他未来的行为起着关键的作用。奖励是影响学习的主要因素。奖励就是感到愉快的或可能进行强化的物品、刺激或后果。

29. 做个“乖”孩子吗？

——幼儿的习得性无助

几个小故事

做个“乖”孩子

豆豆一出生就显得特别积极，非常喜欢尝试：他一张开眼睛，就尝试着到处看；当他能控制自己的动作时，就开始到处爬，到处摸……当然，因为是“第一次”，就会容易出错。豆豆每进行一次尝试时，家人都因担心孩子的安全或其他理由，对豆豆说“不能……”或大惊小怪地惊呼“危险！不要……”。久而久之，豆豆对自己要做的事情变得不自信了，因为他不知道做完了之后大人是不是又该大声说“不”了。结果，他如大人所愿，变成了一个“乖孩子”，哪儿也不碰，什么也不摸，失去了主动探索的兴趣。

小琦真的“结巴”吗？

小琦第一天上幼儿园时，由于年龄比班上的孩子小，所以显得格外紧张。老师让小朋友们介绍自己的名字，小琦的语言发展比其他孩子慢一些，再加上紧张，他说自己的名字时结结巴巴的。一旁的佳佳老师觉得这个孩子很可爱，便笑起来，并用调侃的语气说：“我们班来了个小结巴啊！”班上的其他小朋友也模仿着说：“小结巴。”以后，佳佳老师经常在小琦说话时抱着他开玩笑，嘲笑小琦是结巴。后来小琦每次站在很多人面前表达时就会结巴。

我不会，我很笨

东东的父母平时忙于生意，很少关心孩子的学习情况。起初东东在家做功课遇到困难向父母求助时，他们总是先训斥孩子——“为什么这么简单的题都不会做，你怎么这么笨”；每次考试成绩出来，他们总是说“笨蛋，分数怎么这么低”，等等。后来，东东面对困难时总是望而却步，老师鼓励他：“没关系，试一试。”但是东东说：“老师，我很笨，我不会。”东东的学业成绩每况愈下。

为什么会这样

上面的几个故事都反映出孩子的一种心理——习得性无助，这是指人在最初的某个情境中获得无助感，在以后的情境中仍不能从这种关系中摆脱出来，从而将无助感扩散到生活中的各个领域。这种扩散了的无助感会导致个体产生抑郁心理并对生活不抱希望。在这种感受的控制下，个体会认为自己无能为力而不做任何努力和尝试。幼儿的身心发展非常不成熟，在生活和学习中会遇到各种困难，尤其需要成人提供科学的支持策略和帮助，若是经常体验“无助”，体会不到成就感，便很容易对自己失去信心，但是并不是幼儿真的“不行”，而是这种“无助感”让幼儿觉得自己“不行”。

第一个故事中，豆豆刚开始表现出活泼好动、对任何事物都充满探索欲望的天性，但是因为“第一次”总会出错，家人没有理解豆豆的这种年龄特点，在豆豆探索前或在豆豆出错时总是说“不要”“不能”“危险”……豆豆感到自己的行为并不能获得成人的赞赏，其好奇、好动的天性被束缚。虽然豆豆成为家长和老师眼中的“乖孩子”，但是他失去了人类宝贵的探索精神和创造力。

第二个故事中，小琦原来并不结巴，在做自我介绍时由于紧张而结巴，这时一旁的佳佳老师没有安慰紧张的小琦，却跟他开玩笑说：“我们班来了个小结巴啊。”同伴也跟着起哄，这一情境，让小琦觉得无助，以后长期陷入在公众场合讲话“结巴”的心理紧张状态，无法摆脱“第一次自我介绍”的情境困扰。

最后一个故事中，东东总是在学业上失败，于是他放弃了努力。东东认为自己就像父母说的那样，真的“很笨”，后来遇到困难时便不再去积极尝试，对自己的评价逐渐降低，形成恶性循环，成绩每况愈下。东东甚至还对自己产生怀疑，觉得自己“这也不行，那也不行”。

心理学家怎么说

“习得性无助”是美国心理学家塞利格曼在研究动物时提出的，在对人类的观察实验中，心理学家也得到了类似的结果。

动物的习得性无助

塞利格曼用狗做了一项经典实验。起初他把狗关在笼子里，只要蜂音器一响，就对狗进行电击。狗被关在笼子里逃避不了，多次实验后，蜂音器一响，在电击前，先把笼门打开，此时狗却不逃，而是不等电击开始就先倒在地上呻吟和颤抖。本来可以主动逃避，却绝望地等待痛苦的来临，这就是习得性无助。

人也可能产生习得性无助

1975 年塞里格曼用人当受试者，结果使人也产生了习得性无助。实验是在大学生身上进行的，他把学生分为三组：让第一组学生听一种噪音，这组学生无论如何也不能使噪音停止。第二组学生也听这种噪音，不过他们通过努力可以使噪音停止。第三组是对照组，不给受试者听噪音。当受试者在各自的条件下进行一段实验之后，即令受试者进行另外一项实验：实验装置是一只“手指穿梭箱”，当受试者把手指放在穿梭箱的一侧时，就会听到一种强烈的噪音；放在另一侧时，就听不到这种噪音。实验结果表明，在原来的实验中，能通过努力使噪音停止的受试者以及未听噪音的对照组受试者，会把手指移到箱子的另一边使噪音停止；而第一组受试者，也就是在原来的实验中无论怎样努力都不能使噪音停止的受试者，他们的手指仍然停留在原处，听任刺耳的噪音响下去，却不把手指移到箱子的另一侧。

习得性无助对学习产生的影响

为了证明习得性无助对以后的学习的影响，塞里格曼又做了另外一项实验：他要求学生把下列字母排列成字，比如ISOEN和DERRO，可以排列成NOISE和ORDER。学生要想完成这一任务，必须掌握34251这种排列的规律。实验结果表明，原来实验中产生了无助感的受试者很难完成这一任务。

给幼儿教师的建议

由于幼儿很容易产生“习得性无助”心理，所以，幼儿教师在教学时就要了解幼儿的这种心理特点，掌握避免幼儿产生这种消极心理的措施和方法。对教师的具体建议如下。

（1）引导幼儿正确归因。如果幼儿总在一项工作上失败，他就会在这项工作上放弃努力，认为自己“不行”，但是很多时候失败并不意味着“不行”，还跟很多外部因素、情境因素相关，如运气、任务难度等，因此教师应该引导幼儿客观理性地为成功和失败正确归因。如，“没关系，你已经做得很好了，这个是有点难。”“再试试，可能是你运气不好呢。”“这次手工没做好是因为你没有仔细观察老师的示范，下次你认真观察就可以了。”

（2）提高幼儿的自我效能感。自我效能感是指个体在执行某一任务之前，对自己能够在什么水平上完成该任务所具有的信念、判断或自我感受。习得性无助的幼儿的自我效能感低，对自己完成学习任务的能力持怀疑和不确定的态度，因而倾向于制订较低的学习目标以避免获得失败的体验。教师应该为每个幼儿提供体验成功的机会，尤其是提供机会让幼儿可以通过自身的努力获得成功，让幼儿觉得自己行，提高幼儿的自我效能感。

（3）恰当的评价方式。绝大多数幼儿入学时是积极向上和充满热情的，他们对新奇事物充满兴趣，对一切活动都愿意去尝试。只是有些幼儿发现自己或同伴不能顺利完成学习任务时，常常受到老师的批评和嘲笑，便产生了焦虑情绪，对探求事物和参加活动产生了恐惧心理，如果有人监督自己便焦虑不安和信心不足，完成任务就变得格外困难。经历了一系列失败后，他们开始相信自身缺少取得成功的能力，不愿意为完成任务而付出努力，而把主要精力放在维持所谓的“自尊”和“身份”上。习得性无助是一个渐变的过程，教师不恰当的评价方式强化了这一趋势。

（4）多肯定幼儿。教师要对幼儿多予以肯定，而不是一味地否定。比如，幼儿没有正确回答老师的问题，教师应避免直接用否定的语言：“不对，你错了。”教师可以提示幼儿：“是吗？再想想。”幼儿不小心将碗打翻了，别急着责怪幼儿，可以说：“没关系，下次小心点儿，老师来帮助你。”

给家长的建议

（1）多鼓励孩子。尤其是在孩子遭到失败时，父母切莫打击、讽刺、挖苦孩子，而应用宽容、信任的态度多鼓励孩子，减轻孩子失败的焦虑情绪，鼓励孩子一如既往地勇于尝试。

（2）引导孩子正确归因。让孩子感受到，只要自己努力就可以获得成功。在孩子成功的时候，与孩子一起总结，让孩子明白成功是自己努力的成果，提高其自我效能感，如：“你看，只要努力就可以做到！”在孩子失败时，避免将所有责任都归咎于孩子的主观因素，而应该客观分析内部因素和外部因素，如可以说“这次考试没考好，不是因为你不行，而是因为题目太难，而你对知识的理解程度还不够”，而不能说“这次考试没考好，都怪你平时学习不认真”。

（3）帮助孩子体验成功。时常让孩子感觉“我能行”，父母需创造机会让孩子体验成功。如，想培养孩子对象棋的兴趣，那就跟孩子一起“杀”几盘，在孩子不知情的前提下有意输给孩子，孩子定然会欣喜若狂，兴趣大增。

（4）帮助孩子客观地进行自我评价。孩子最初是依据成人对他的评价来评价自己的，如询问孩子:“你在家表现好吗?”孩子会说:“妈妈说我很乖!”如果成人不能客观地评价孩子，孩子就不能正确地评价自己。父母应尽量避免为孩子“贴标签”，“他很胆小”“他很害羞”等负面标签都会让孩子觉得自己“不行”，而无法做出客观的自我评价。

重要参考

韦纳的归因理论

归因理论是关于判断和解释自己或他人的行为结果的原因的一种动机理论。美国心理学家韦纳的归因理论认为，在内外维度上，如果将成功归因于内部因素，则会产生自豪感，从而增强动机；如果将成功归因于外部因素，则会产生侥幸心理。如果将失败归因于内部因素，则会产生羞愧的感觉；如果将失败归因于外部因素，则会生气。在稳定维度上，如果将成功归因于稳定因素，则会产生自豪感，从而增强动机；如果将成功归因于不稳定因素，则会产生侥幸心理。如果将失败归因于稳定因素，则会产生绝望的感觉；如果将失败归因于不稳定因素，则会生气。在控制性维度上，如果将成功归因于可控因素，则会积极地去争取成功；如果将成功归因于不可控因素，则不会产生多大的动力。如果将失败归因于可控因素，则会继续努力；如果将失败归因于不可控因素，则会绝望。将失败归因于内部、稳定、不可控的因素是最大的问题，会使人产生习得性无助感。

韦纳通过一系列研究得出归因的最基本结论:如果个人将成功归因于能力和努力等内部因素时，则会感到骄傲、满意、信心十足；相反，如果个人将失败归因于缺乏能力或努力，则会产生羞愧和内疚，而长此以往，将失败归因于内部、不可控的因素（能力），个人就会产生习得性无助。因此我们要将失败归因于内部、可控的因素（努力）来克服习得性无助。

30.“依赖大人”是最好用的策略

——孩子是怎么学会依赖的

几个小故事

“皇上”小宝

小宝是爸爸妈妈盼了很多年才盼来的宝贝，他的出生给家庭带来了很多的欢乐，爸爸妈妈把他捧在手心里，年迈的爷爷奶奶对他更是宠爱有加，可以说是饭来张口，衣来伸手。小宝已经过了 4 岁的生日，但仍没有进入幼儿园学习。小宝 3 岁的时候家人曾尝试过送他去幼儿园，可是在幼儿园里需要慢慢地学习自我服务，比如吃饭、喝水等，这些小宝都不能做到，他无法适应幼儿园的生活。爸爸妈妈和爷爷奶奶也很担忧他在幼儿园里是否吃饱了，舍不得送他去幼儿园，一直把他放在身边照顾。小宝到现在都没有学会自己吃饭和喝水，生活完全依赖家人。

妈妈你帮我决定吧

李辰是个很聪明可爱的小男孩，在幼儿园上大班。在老师和邻居们的眼里，辰辰是个很乖巧的孩子，不仅听爸爸妈妈的话，而且钢琴弹得非常棒，小小年纪就已经学会弹很多有名的乐曲了。有一次，幼儿园要举行一个联欢晚会，想要辰辰进行钢琴表演，老师问辰辰愿不愿意进行表演，谁知道，辰辰一脸的犹豫，不知道怎么回答老师。最后，他对老师说：“我不知道，我回去问问妈妈，让妈妈来帮我决定。”

让妈妈代替道歉的果果

果果是家里的霸王，家人做什么事情都要以她为中心，什么要求都要满足她，她在家里有最优先权，她也习惯了爸爸妈妈什么事情都帮她解决好。就算是犯了错误她也从不担心害怕，因为她知道爸爸妈妈一定会有办法帮她解决。一次，她在外面和小朋友们一起玩，不小心把一个小朋友的玩具弄坏了，她不但不道歉，还说小朋友的玩具质量不好，这么容易就破了，其他小朋友都要她道歉，她偏不。她跑回家找来了妈妈，由妈妈代替她向小朋友道了歉，与小朋友的家长商量赔偿事宜。

为什么会这样

事实上，这几个故事里的小朋友具有一个共同的特点，那就是特别依赖大人。依赖行为是指儿童过分依赖父母（或看护人）且与其年龄不相符的一种不良行为。从出生起与父母（或看护人）亲密接触，依靠他们无微不至的照顾，然后学会照顾自己，最终发展成为独立生活的个体，这是每个孩子必须经历的正常的生长发育过程。应该说，“依赖”在孩子身上是正常现象。但是有的孩子独立生活的能力特别差，过分依靠父母，这就属于依赖行为了。

正如第一个故事中的小宝，从出生开始就一直在家人无微不至的照顾中生活，什么事情都不需要他动手，样样都由父母安排妥当。父母对孩子悉心照顾，却忽视了孩子的动手能力和独立性的发展，使之养成“饭来张口，衣来伸手”的习惯，一旦离开父母的照顾孩子就无所适从。小宝并不是学不会吃饭、喝水，而是他的爸爸妈妈和爷爷奶奶剥夺了他学习的权利和机会，让他习惯了过依赖的生活。

而第二个故事中的李辰，是个非常优秀的孩子，但是他缺乏主见，遇到事情的时候不知道该怎么办。他习惯生活在父母的安排中，只要按照父母的要求去做好就可以了，长此以往，他慢慢就成为一个没有独立精神而处处依赖成人的孩子。

第三个故事中的果果，不仅在生活中什么事情都依赖父母，而且在社会交往中与小伙伴们发生了冲突也依赖父母来解决，她习惯于当指挥官，父母成为她命令下的执行者。即使在犯了错误的情况下，她也习惯于让父母去承担责任、解决问题，在这样的环境下成长的孩子，会逐渐成长为没有责任感的人。

心理学家怎么说

依赖型人格源于人类发展的早期，幼年时期儿童离开父母就不能生存，在儿童的印象中保护他、养育他、满足他一切需要的父母是万能的，他必须依赖他们，总怕失去了这个保护神。如果这个时候，父母过分溺爱孩子，不让他有长大和自立的机会，就会助长子女依赖父母的心理，久而久之，孩子就会习惯于万事依赖父母。

心理学家埃里克森指出，在 3 ～ 5 岁的时候，儿童迈入了人格发展的一个新阶段，即主动—内疚阶段。这个时期的家庭教育，对于儿童究竟是继续依赖父母，还是逐渐培养出独立性格，将产生深远的影响。在这个阶段，儿童会面临更多的挑战，如果此时父母对其新的目标给予支持，儿童自发的责任感便能得到发展。

日本教育家认为让孩子去做从未接触过的事情，是意义深远的，“不仅可以增加孩子的体验和知识，而且借此机会还可以培养孩子的持久力和忍耐力，养成勇于面对困难与挑战的坚毅个性。”因此，家长应给予孩子机会去尝试，不要嫌孩子给自己带来麻烦而包办一切，而要耐心地对待孩子的尝试与错误。对于过分依赖的孩子，家长一定要认识到让孩子勇于尝试的重要性，并让孩子在与新事物的接触过程中发现乐趣，从而改变过分依赖的行为，走向独立。

给幼儿教师的建议

2—6 岁是儿童的生活自理能力和良好行为习惯初步养成的关键期。这个时期，幼儿大部分时间是在幼儿园度过的，因此幼儿教师的教育和要求对培养幼儿的独立性和责任感有着重要的影响。那么幼儿教师应该如何引导幼儿呢？具体建议如下。

（1）培养幼儿的独立意识。随着自我意识的发展，3—6 岁幼儿的独立意识逐步萌芽，他们喜欢自己去探索这个新奇的世界。教师可以顺应幼儿的发展特点，教他们自己动手做事情。可对不同年龄段的幼儿提出不同的要求，如：小班幼儿可在成人的帮助下学习自己穿脱鞋子、扣纽扣等简单的生活技能；而中大班幼儿则要在小班的基础上增加新的内容，如自己叠被子、整理房间、为别人服务等，让幼儿逐步增强自我服务的意识和能力，学会自己的事情自己做。

（2）给幼儿选择的权利。选择权在幼儿独立性的发展中具有重要的作用，教师可以通过给予幼儿一定的选择权利来培养幼儿的独立性，如：在区域活动游戏中，教师可以放手让幼儿自己选择游戏角色、游戏环节、游戏方式，让幼儿充分感受到自己有选择、探索、表达的自由。

（3）让幼儿学会自己解决问题。在幼儿之间发生矛盾时，教师不应作为权威者来评判谁对谁错，帮幼儿解决问题，而应把解决问题的权利交给幼儿，给予他们独立解决问题的机会，让幼儿学会自己解决问题，这样幼儿在遇到问题时就不会总想着依赖成人，而是会自己想办法解决。

（4）做好家长工作，形成家园教育合力。做好家长工作，使家庭教育与幼儿园教育形成合力，是培养幼儿独立生活能力的关键。教师应该主动与家长联系、合作，做到家园同步。一方面，教师要主动了解幼儿在家的行为表现；另一方面，教师也应主动向家长反馈幼儿在园的表现，对幼儿的要求要做到在园在家一个样。可与家长达成共识，无论在园还是在家，都要让幼儿自己吃饭，不能在园时自己吃、在家时家长喂，只有家长和教师的要求和态度一致，才能有效提高幼儿的自理能力。

（5）及时强化鼓励幼儿的独立行为。强化法对于培养幼儿的行为起着很重要的作用。在幼儿表现出一些独立行为时，教师要及时给予充分的肯定，并鼓励和要求他们去克服困难，坚持独立做事。如，小班幼儿在学习用勺子吃饭时，教师要及时表扬肯定，以强化他们自己独立进餐的行为。

给家长的建议

让孩子最终能独立而自信地生活，是每一个父母的希望。可是孩子还小，还需要父母的照顾，如何在照顾孩子时培养孩子的独立性？具体建议如下。

（1）教会孩子做事的方法。研究发现，许多孩子之所以依赖性强，凡事不自己动手做，与未掌握方法、不会做有很大关系，而并不是他们不愿意做。所以，在培养孩子自己动手时要注意教给孩子具体的方法，而不要只提出要求。独立能力的培养需要较长的时间，在这个过程中，耐心很重要。父母千万不能急躁，说“不是这样”“那样不行”之类的话，这样会使孩子失去信心；也不要一看到孩子不行，就急于代劳。

（2）帮助孩子建立自己的评判标准。孩子不仅需要知道应该怎么做，还需要知道为什么要这样做。在这个过程中，孩子能很好地建立起自己的评判标准，从而自主地、独立地对事情进行判断，而生硬的命令和指责只能使孩子简单服从，久而久之孩子就失去了独立思考和判断的能力。当孩子做错事的时候，父母耐心的倾听和入情入理的分析对孩子会有莫大的帮助。

（3）多让孩子接触外界事物，学会灵活地应对各种变化。在入幼儿园之前，带孩子结交一些小伙伴；到幼儿园去玩一玩，熟悉一下老师和环境；到公共场所走一走、看一看，接触不同的情境。孩子的生活圈子扩大了，就会逐渐学会应对各种变化，面对陌生环境就不会惊慌失措。

（4）父母要给孩子树立独立自主的好榜样。榜样的力量是无穷的，如果父母自己就是处处依赖他人、对什么事都拿不定主意、动不动就寻求帮助的人，那就不要指望孩子能够独立自主。要想孩子成为独立自主的人，首先父母自己要独立自主。

（5）对孩子的依赖行为进行冷处理。当孩子出现依赖行为的时候，让他知道大人不喜欢他这样做，然后暂时离开，使他认识到这样做是没有用的。同时对孩子适当的行为要及时地给予鼓励，让他知道什么行为是被允许、被鼓励的。在改正依赖行为的同时，让孩子知道什么是适当的行为，这样才不会让孩子茫然无措。

（6）对孩子多份耐心、多点等待。从3岁开始，幼儿的主动性增强，什么事情都想自己去尝试，可是他们在做事的过程中可能会犯错，可能会很慢。面对孩子自己做事过程中出现的“误”与“慢”，父母需要耐心对待，多给孩子一些时间去做，切忌因为着急而代替孩子，剥夺孩子动手的机会。父母需要记住一句话——“父母放手，孩子动手”，请耐心等待吧。

重要参考

真爱与溺爱

一个人成长的过程就是他成为自己的过程，爱是这一过程中最关键的因素。父母给予孩子什么样的爱，孩子就以适应这种爱的方式成长。

真爱以孩子的成长需要为核心，在孩子不同的发展阶段给予他不同方式的爱，在孩子0—2岁期间，给予孩子的是无条件的爱；在孩子2—4岁期间，则需要尊重孩子的自主探索，只在他们需要帮助的时候出现。这种以孩子成长的需要为中心的真爱会让孩子成为自爱、爱他人、自主意识鲜明、人格健康的人。

溺爱是与真爱相对的。溺爱看似是自我牺牲的爱，其实是懒惰的爱。在孩子 0—2 岁期间，父母以孩子为中心，孩子也以父母为中心，父母怎么爱孩子几乎都不会犯错；但到了 2—4 岁期间，如果父母仍然以这样的方式去爱孩子，甚至孩子成年了，父母仍以一成不变的方式去爱他，那么，这种溺爱就会造成毁灭性的后果。溺爱下成长的孩子，要么缺乏自我，成为包办式父母的简陋复制品；要么自我无限膨胀，心中只有自己而没有他人。

罗杰斯说:“爱是深深的理解与接受。”父母不仅需要给予孩子充分的爱，而且需要给予孩子自由，这才是真爱。

31.“耍赖”是最有效的逃脱方法

——幼儿责任感的培养

几个小故事

划坏车子后

在得知自己的孩子划坏了小区二十几辆车后，丁丁的妈妈主动打电话给派出所，承认车是自己的孩子划坏的，并表示愿意承担全部责任。除了联系最好的修理厂家，负责对所有汽车进行修理外，在孩子的教育方面，丁丁妈妈先对孩子“动之以情”，使其认识到自己的行为对他人情感上和物质上的伤害，再“晓之以理”，让孩子认识到错误并敢于面对自己的错误。丁丁与妈妈一起去向车主逐一道歉，请求车主的原谅。事情得到了圆满的解决，车主们选择了原谅，一场危机就此化解。而妈妈进一步借用车主们的宽容对孩子进行感恩教育，引导孩子在勇于面对错误，明白什么是责任心的基础上，学会感恩，感谢别人对自己的宽容。

拒不认错的远远

远远今年4岁半，聪明机灵、富于领导力，小朋友们都很喜欢跟他玩。这一天，俊俊又来找他玩了，还带来了个铠甲勇士玩具。远远很喜欢这个玩具，于是，他趁俊俊不注意，将玩具偷偷藏到自己的书包里。俊俊发现玩具不见了，号啕大哭，找老师告状说远远藏了自己的玩具。远远开始不承认自己拿了玩具，还说是别的小朋友拿了。后来在小朋友们的指证下，他不得不拿出玩具来，但硬说是别的小朋友放的。在老师的再次劝说下，他又改口说，他只是想把玩具放在自己的书包里，帮俊俊保管玩具。后来，老师要求他向俊俊道歉，他竟大哭大闹，始终不肯承认自己的错误。

地上的玩具

餐后看书时间到了，孩子们陆续来到书筐边翻找自己喜欢的书。他们边找边随手将不看的书扔在桌上，散落的书越积越多，不少书掉到了地上。许多孩子完全不理会，径直跨过去，甚至踩在书上。今天的值日生安芷看见了，提醒同伴不要踩书，并将书一本一本捡起来，擦掉鞋印，放回书筐。她还将几本掉页的书挑出来，交给老师，请求老师帮忙补好。等老师将书补好后，她又将书送回书筐。收书时间到了，安芷又将书整理一遍，并将书筐送回“家”，才去睡觉。

为什么会这样

上面几个故事都反映了幼儿责任心的培养与教育问题。责任心是指个人对自己和他人、对家庭和集体、对国家和社会所负责任的认识、情感和信念，以及与之相应的遵守规范、承担责任和履行义务的自觉态度。它是一个人应该具备的基本素养，是健全人格的基础，是家庭和睦、社会安定的保障。表现在孩子的身上，则是一种做事有始有终，愿意承认并改正自己的错误的行为。

第一个故事中，丁丁划坏了几十辆车后，他的妈妈并未因为他年龄小而试图逃避责任，而是勇敢地站出来与孩子一同承担经济责任和道德责任。丁丁虽然年龄小，但妈妈从“情”与“理”、“礼”与“行”的有机结合着手，让孩子明白自己的不当行为造成的严重后果。更为重要的是，妈妈的引导与支持让他明白了做错事后应该勇于面对以及如何面对。一场危机顺利化解，妈妈同时也为孩子上了一堂重要的人格课——勇于面对与承担责任，感恩社会！

第二个故事中的远远始终不肯承认自己藏了同伴的玩具。一方面，他不经同意，随便拿走别人的玩具；另一方面，他不断地为自己的行为辩解，不愿意承认自己的错误，也不愿意为自己的错误行为承担责任。很明显，远远的行为习惯早已养成，这只是他行为习惯的缩影而已。

第三个故事中的安芷是个有爱心、有责任心的孩子。她不仅能认真做好自己的工作，如整理书籍，而且会友善地提醒同伴不要踩书，请老师补书，在大家都回睡室后，她还认真地将自己的工作进行到底——将书整理好并送回“家”。

心理学家怎么说

我国著名发展心理学家陈会昌研究发现，幼儿的责任心的发生发展经历了三个阶段：强制性责任水平、半理解半责任水平、原则的责任水平。强制性责任水平是指幼儿将某一任务担当起来，仅仅是对成人的外在要求和标准的服从，他们并不理解责任的意义。半理解半责任水平是指幼儿对任务责任有一定的认识，但认识尚不全面、深刻，是由强制责任水平向原则的责任水平过渡的必经阶段。原则的责任水平是指幼儿已摆脱对成人权威的畏惧，他们对责任有了较全面的认识，不仅能估计自己行为的责任后果，还能考虑到它间接、长远的影响。

给幼儿教师的建议

责任心作为个体的社会性品质之一，其形成与发展受性别等遗传因素的影响相对较小，主要受后天教育与环境的影响。因此，教师只要采取适宜的教育方法，完全可能培养出幼儿的责任心。具体建议如下。

（1）营造良好的班级心理环境。良好的班级心理环境有助于幼儿健康心理的发展，并由此进一步促进幼儿身体的健康发展。建立良好的班级心理环境的首要条件即建立宽松、和谐的师幼关系。教师应树立民主、平等的师幼观，平时用商量的口吻与幼儿交流，尊重幼儿，多倾听幼儿的心声，做幼儿最知心的朋友；改善教学方法，多用启发、诱导的方式鼓励幼儿自主活动，遵循“幼儿为主体、教师为主导”的原则，让幼儿形成自尊、自信、自主、自立等良好的个性品质，并感受自身的价值，体验自身对身边人、事的意义，逐渐学会承担责任。

（2）注重自身的榜样示范。幼儿年龄越小，受教师的影响越大，尤其是幼儿喜欢的老师。因此，教师平时要注意自己的言行举止，用自己的行为实践潜移默化地影响幼儿。如教师拿了东西要物归原处，切不可随手乱放；要信守诺言，答应幼儿的事一定要做到；做事要有始有终，不随意改变对幼儿宣布的事；发生错误或误会幼儿时，一定要道歉，并努力改正……

（3）提供承担责任的机会。幼儿责任心的培养最终还是要落实到实践上来。在小班，教师可以尝试每天请几名幼儿做老师的小帮手。中班则可建立值日生制度。值日生制度有助于幼儿形成对自己、他人及集体的责任意识。师幼共同建立值日生制度，应让幼儿熟悉具体的细则，如引导幼儿掌握相应的值日生工作技能，让幼儿了解值日生的具体工作职责、完成工作好坏的标准、对完成工作的奖励与惩罚等。当幼儿对值日生制度有了非常明确的认识后，再辅以奖励与惩罚等激励与防范措施，时间一长，幼儿的责任心自然就形成了。

（4）有效利用游戏。幼儿年龄越小，游戏的“教化”功能就越强，而教师说教的意义并不大。因此，教师可将对幼儿的责任心的培养内容融进游戏活动中，让幼儿在玩中增强对责任的认识、情感，并得到行为上的锻炼。游戏可以是专门的游戏活动，也可以是教育活动中的游戏环节。如教师可利用小动物不收玩具带来的后果，让幼儿认识并体验到不收玩具给自己和大家带来的不便；通过讲小动物做事有始无终的故事，让幼儿明白做事不坚持的后果，等等。

（5）有效利用情境。除了班级内的值日生制度，教师可定期组织幼儿参加一些园内和园外的社会性服务活动。园内日常活动包括帮忙捡落叶、浇花、倒垃圾等，结合节日活动（包括教师节、三八妇女节及其他节日）引导幼儿制作礼物、准备节目。园外活动以结合节日活动为主开展，如在植树节动手植树、浇水等，在重阳节慰问老人等，让幼儿体验自己对集体与社会的价值和意义。

给家长的建议

孩子责任心的培养首先源自家庭，孩子正是从家庭逐步走向幼儿园并走向社会的。因此，父母应有意识地培养孩子的责任心。具体建议如下。

（1）树立良好的榜样行为。父母是孩子的第一任老师，其影响胜过老师。要求孩子做到的，父母首先要做到。因此，父母要有意识地表现自己的积极行为，调整自己的不良行为，尽量给孩子以积极的正面影响。父母有责任心，孩子习得其积极行为方式的可能性就大。

（2）让孩子“自己的事情自己做”。这样不仅能锻炼孩子的生活自理能力，也能让孩子在独立自主中感受自己的力量，并建立自信，从而形成对自己负责的意识。因此，父母应鼓励并创造条件，让孩子学会“自己的事情自己做”。如从孩子开始懂事时起，就让孩子学习自己吃饭、穿衣等，玩完玩具自己收拾，锻炼他们的自理能力；等年龄稍大时，就可以培养他们说话算数，答应别人的事一定要做到，做事有始有终等；再大一点，就要引导孩子学会为自己的行为负责，如做了错事要道歉、学习承担后果与弥补过失等。

（3）让孩子参与家庭事务。做家务，既是培养孩子的劳动能力，也是培养孩子对家人的爱与责任的一条重要途径。因此，父母要引导孩子参与力所能及的家务劳动，并对孩子的积极表现给予及时强化，让孩子从依赖成人的鼓励和表扬而做家务，转变为“以为家人服务而自豪”。如从简单地为家人端茶送水、盛饭送菜做起，到长大时参与家庭重大事件的决策等。

（4）善用自然后果法。自然后果法是让孩子凭自己的直接经验去接受教育，体会自己所犯错误造成的自然后果，从而学会服从自然的法则。如饮料洒了，让孩子少喝甚至不喝，而不需要重新给他一杯，让孩子学会承担责任；收拾桌子时孩子打碎了碗，让他自己收拾，不过要提醒孩子小心，别划破手。孩子正是在不断承担自己行为后果的过程中逐渐明白，任何时候，他们都必须对自己做过的事承担责任。

（5）责任以“力所能及”为限。孩子年龄小，其能力毕竟有限，因此，父母在给予孩子任务时，应考虑其能力与心理感受。有些父母在培养孩子的责任心时操之过急，一开始就给予孩子“重担”，让孩子对责任望而生畏，积极性大受打击。因此，培养孩子的责任心，应从小事做起，从简单的任务做起，再逐步过渡到难度稍大的任务。

重要参考

你“责任侵犯”了吗？

责任侵犯指的是原本儿童有兴趣或有能力承担的社会责任，却由家长或监护人出于某种顾虑而代替儿童承担的现象。

这种责任侵犯现象在当前我国儿童教育中很普遍，产生这种现象的原因主要是对儿童的可塑性缺乏应有的认识、出于对儿童的畸形保护以及家长和监护人的完美主义期待。责任侵犯导致儿童丧失自我价值感，缺乏自信心，社会化水平和心理成熟水平普遍降低，因此十分有必要将责任心还给儿童。

家长和监护人应相信儿童，形成培养儿童责任心的意识，让儿童在承担责任中培养责任心。幼儿责任心的养成离不开社会的关注、学校的教育和家庭的关心，只有将认知、情感、行为相互结合，持之以恒，共同合作，共同为幼儿责任心的形成创造良好的环境与条件，才能把幼儿培养成真正有责任感的人。

32. 孩子的人格健康吗?
——幼儿的攻击、欺负、退缩行为

几个小故事

因需求得不到满足而攻击他人

豆豆今年3岁，上幼儿园小班。豆豆的妈妈接到幼儿园老师的反映，豆豆最近在幼儿园里越来越喜欢打人。一旦要求得不到满足，他就会大喊大叫，并用手去抓其他小朋友的脸，或者去拧其他小朋友。有一次，在老师组织小朋友玩游戏时，豆豆因为自己不是第一个被叫去玩玩具而大发脾气，甚至冲到前面的小朋友面前抢玩具，抢不过就动手打人。

欺负同伴的小玉

小玉上幼儿园大班，她和妈妈长得很像，很漂亮，在幼儿园里表现很棒，老师们都非常喜欢她。但是老师最近在小玉身上发现了一件让人惊讶的事情：小玉睡觉的时候经常把口水吐到睡在她旁边的一个很文静的小女孩的枕头上，然后还威胁她不准告诉老师，否则的话就要逼她画一幅画。这个小女孩被小玉威胁了很多次，都没有勇气告诉老师。老师发现后，这个小女孩在老师的安慰和鼓励下才敢讲给老师听，并且说班上还有好几个孩子都受到了小玉这样的欺负却不敢出声。

往后躲的源源

早上8点，奶奶牵着源源的手来到幼儿园，老师热情地招呼源源，腼腆的源源却赶紧躲到奶奶的身后，把奶奶的手拉得更紧了。奶奶马上教导他："快跟老师说声早上好。"这时源源把头埋得更低了。正当老师要进一步接近他、鼓励他说话时，奶奶却和往常一样护着他说："源源今天不跟老师问早，那明天再说吧。"奶奶帮他找到座位后方才依依不舍地离去。

由于天气原因，早上的晨间活动是桌面游戏。游戏开始了，源源坐着一动不动，看着周围的同伴忙着操作玩具，看到别人玩得开心的时候，他的脸上时不时地也会露出点笑容，但他始终不愿主动参与游戏。发现老师和小朋友们在看他，他马上转移目光不看他们。这时，老师走到他身边，蹲下身子和蔼地对他说："源源，你可以选择自己喜欢的玩具操作呀，快来跟小朋友们一起玩吧。"听了老师的话，源源没吭声，只是点点头，但他还是不愿意离开自己的座位半步，直到老师把玩具拿给他，他才开始动手玩起来。在幼儿园的一整天，源源基本上都是独自一个人度过的，不爱说话，不愿主动与小朋友或老师交流。

为什么会这样

人格，指一个人独特的个性心理特征，它是一个人在一定的生理遗传的基础上，经过长期的实践过程形成的心理、行动风格。它不但揭示了一个人心理活动的动力特点，也是一个人在学习、生活、工作中，以何种态度和方式对待自己、他人及社会的一贯的思想、行动风格。如果一个人的人格没有在早期的童年生活中得到完善和塑造，就很容易出现诸如攻击、欺负、退缩等行为，并影响其一生的发展。

第一个故事中的豆豆在需求没有得到满足的情况下，出现了攻击他人的行为。三四岁的孩子，正处于自我中心阶段，而且由于神经系统发育不成熟，兴奋过程占优势地位，不能控制自己的情绪，容易冲动，为了让自己的需求得到满足，会采用一些不正确的方式来达到自己的目的，比如打人，故事中的豆豆就是如此。

第二个故事中小玉的行为则属于欺负同伴的行为，欺负是力量相对较强的一方在未被激怒的情况下对较弱的一方重复进行的攻击。小玉在老师眼中是个很认真的孩子，平时也受到老师的宠爱，大班的孩子已经学会了察言观色和对他人的心理进行揣测，小玉正是借着老师的宠爱而欺负和捉弄班上的其他孩子的。

第三个故事中的源源出现了典型的社交退缩行为。早上来园需要在大人的引导帮助下才能进教室，而且很害羞，不能主动向老师问好；由于他大多数时候是由奶奶带着，几乎不与同龄孩子交往接触，所以他慢慢地变得不敢交流甚至不会交流了。

心理学家怎么说

发展心理学家西尔斯认为，健康人格的培养应及早进行，当孩子还在襁褓中时，父母对他的生理性照顾会增强他对人和社会的信任和友好；反之，则会增强他的不信任和怀疑。婴儿早期发生的交往和认知等社会性需要都孕育着品德的胚芽，是品德社会化发展的起点。因此，就幼儿教育来说，它的目的并不是形成具体的道德品质，而是要培养良好的心理素质，为日后形成健康的人格奠定基础。

儿童期是人格形成的关键时期，如果幼儿在这个时期没有得到很好的引导和教育，人格发展可能就会不健康，出现上述故事中的攻击、欺负、退缩等不良行为。

精神分析理论认为攻击性行为是幼儿在遭受挫折后宣泄精神压力和紧张情绪的一种方式，心理学家们认为“攻击性行为的发生总是以挫折的存在为先决条件；反之，挫折的存在也总是导致某种形式的攻击性行为”。弗洛伊德认为在人们受到挫折后，除非允许他们宣泄自己的攻击性，否则攻击性的能量将受到抑制而产生压力，由于这种能量要寻找一条输出通道，所以便产生暴力行为，或者以精神疾病的状态显现出来。

欺负行为一直受到发展心理学家的关注，这种行为对幼儿发展的影响不容忽视。研究表明，经常受欺负的儿童可能会出现情绪抑郁、焦虑、内向、不合群、学习成绩下降等问题，严重的甚至还会导致自杀；经常欺负他人的儿童则会遭到同伴的排斥，导致交往困难，而且长期欺负他人也容易使儿童形成攻击性人格。有研究发现，经常欺负他人的儿童成年后的犯罪率是正常儿童的4倍。

儿童的退缩行为是儿童行为问题中最常见的一类表现，是儿童无特别原因而表现出的以遇到新环境和陌生人为主要诱因，以孤独、胆怯、害怕和畏惧为主要表现的行为问题。正常儿童突然到了一个完全陌生的新环境，或遭遇惊吓、恐怖的情境，出现少动、发呆、退缩等行为表现是正常的，属于儿童正常的适应性反应。随着时间的推移，儿童会逐渐适应所处的环境，并在做游戏等活动中主动发展自己适应环境的能力，而有退缩行为的儿童却很难适应新环境。如果不注意防范童年时代的退缩行为，不仅有可能延续至成年，而且有可能持久地影响到成年后的社交、职业选择及教育子女的方式等。

给幼儿教师的建议

3—6岁的幼儿处在人格形成的关键时期，他们具有巨大的发展潜力，可塑性强。幼儿教师在促进幼儿健全人格的形成中起着重要的作用。幼儿教师对幼儿健康人格的培养可从以下几个方面着手。

（1）面对有攻击性行为的幼儿的策略。教师首先要经过观察确定幼儿的攻击性行为是偶然的还是经常性的，如果是经常性的攻击性行为，则需要采取措施进行干预。教师可以先将有攻击性行为的幼儿进行“隔离”——带入一个安静的空间，让他冷静地思考自己的行为，一般隔离的时间为3~5分钟，之后教师再与他进行对话，了解攻击的原因，并且很严肃地告诉他，老师对他的这种行为很生气，一点儿也不喜欢他的这种行为，让他知道老师对他这种行为的态度，告诉他如果能和同伴友好地相处，老师和同伴都会很喜欢他，同时告诉他无论在何种情况下都不能动手，在自己解决不了争执和矛盾的情况下，可以请求老师的帮助。具有攻击性行为的幼儿一般是因为其社交技巧方面比较欠缺，因为不懂得如何与同伴交往，所以就采取攻击的方式去达到自己的目的，教师也需要有针对性地增强有攻击性行为的幼儿的社会交往能力。

（2）面对有欺负行为的幼儿的策略。教师对待所有幼儿要一视同仁，不要偏爱和宠爱个别幼儿，以免让幼儿依仗教师的宠爱而欺负其他幼儿；教师一旦发现幼儿的欺负行为，必须马上进行制止，以免造成不良的后果；教师要及时了解情况，只有了解幼儿欺负行为背后的原因，才能采取相应的对策；教师要表明对欺负行为的态度，告诉幼儿老师很不喜欢他这种行为，同时教育幼儿向被欺负者道歉；也可以引导其进行换位思考，请双方进行角色互换，让欺负者体验被欺负者的心情；告诉欺负者在同伴交往中出现了争执和矛盾时可以请求老师的帮助。

（3）面对被欺负的幼儿的策略。当看到幼儿被欺负之后，教师首先要检查幼儿的身体是否有伤痕，有伤的话要立即就医，同时及时与家长进行沟通，让家长了解情况；安抚被欺负幼儿的情绪，让他感受到老师对他的关爱；指导被欺负幼儿面对欺负行为时的处理方法——要勇敢地说“不”，学会保护好自己，同时要及时告知老师以寻求帮助。

（4）面对有退缩行为的幼儿的策略。对于有退缩行为的幼儿，教师要多给予关注，有意识地引导他们参与到集体活动中，多在公共场合表扬肯定这类幼儿的进步，以增强他们的自信心和参与活动的积极性，同时引起其他幼儿的关注，使之愿意与他们进行交往。对于退缩的幼儿，教师一定要多份耐心、爱心，一步一步地进行引导。

（5）培养幼儿的健康人格。教师是幼儿成长中的重要他人，对幼儿人格的发展有着重要的影响。教师是通过教学和日常生活中的一言一行对幼儿的人格产生影响的。首先，教师要肯定和保护幼儿的自尊心，鼓励幼儿的积极行为，面对幼儿的过失也不要当众责备；其次，培养幼儿关爱他人、与人友好，懂得谦让和帮助他人；最后，要建立平等的师幼关系，教师要尊重幼儿，倾听幼儿的心声，全面了解幼儿的感受，让幼儿感受到被人尊重，也学会尊重他人，并充满自信。

给家长的建议

家庭被称为“创造人类健康人格的工厂”。孩子的人格健康，不仅关系到孩子身体的发育，而且决定着孩子今后的人生走向。如何面对孩子发展中出现的攻击、欺负与退缩行为，培养孩子的健康人格呢？以下是具体建议。

（1）面对有攻击性行为的孩子的策略。

表明立场法：家长应坚定地向孩子表明，他们不喜欢他的攻击性行为。如果孩子的行为改进了，家长应给予鼓励，以增强他的自信心。此外，家长还必须停止强硬的处罚方式，因为这会引起孩子的叛逆情绪，从而表现出更多的攻击性行为。

转移注意法：在家的时候，家长可以延迟满足孩子的一些要求，让孩子学会等待。比如正在做蛋糕，孩子很想马上吃到香喷喷的蛋糕，但是蛋糕得40分钟以后才能烤好，这就是一个让孩子学习等待的机会。在等待的这段时间里，为了让孩子过得轻松一些，家长可以带他去跑步、打球、玩玩具或做一些他感兴趣的事，以转移他的注意。

自我抑制法：如果孩子很容易冲动或难以控制自己的情绪，家长应教给他各种抑制攻击性行为的方法。如，当家长觉察到孩子出现攻击别人的倾向时，可以告诉他“从1数到10”“用嘴巴说，不要动手打”“停下来，想一想”等。

自我对话法：这对于培养孩子的延迟满足能力、克服孩子的冲动情绪等是非常有效的方法。家长可以和孩子一起玩有轮换规则的游戏，如跳皮筋、跳绳、踢毽子，在孩子等待的过程中，教孩子进行自我对话，如：“我可以等轮到我的时候。”教孩子进行自我对话就是教他有耐心。

（2）面对有欺负行为的孩子的策略。当孩子欺负了别的孩子之后，家长可能会收到来自老师与被欺负孩子的家长的投诉，家长不要因为受到指责，就将气撒在孩子的身上。首先，家长需要心平气和地与孩子进行沟通，了解情况，同时也让孩子了解到他的行为给爸爸妈妈带来了麻烦，比如对方家长和老师的投诉电话。其次，家长要向对方家长道歉，然后让孩子自己向被欺负的孩子道歉，承担自己错误行为的结果。最后，家长自己也要注意对待孩子的态度，在家庭中营造开放、平等的氛围，允许孩子自由表达，对孩子的合理需求给予满足而不是冷落和打压，让孩子学习友好平等的待人处事的态度和方法。

（3）面对被欺负的孩子的策略。孩子被欺负了，家长一定很心疼，但一定要冷静对待，不能以牙还牙。家长首先需要让受了欺负的孩子感受到父母对他的爱，可以把他抱在怀里，轻轻地安慰他，切忌埋怨甚至讽刺孩子："你真没用，就只有被欺负的份儿。"在接纳了孩子的情绪并给予安慰之后，家长一定要了解原因，与孩子一起分析，然后教给孩子处理类似情况的方法：大声地说"请不要推我""不许你打我"，寻求老师或其他成人的帮助。

（4）面对有退缩行为的孩子的策略。孩子的退缩行为与家庭的教养方式和家庭环境有很大关系，家长首先要为孩子营造一个和谐温暖的环境，同时采取民主而非压制的教育方式，允许孩子充分地表达自己的意愿，培养孩子积极主动的态度。鼓励孩子积极地与人交往，多带孩子去公共场所，增加与同伴接触的机会，同时将解决与处理事情的机会让给孩子，比如说在大街上让孩子自己去问路，坐公共汽车时让孩子自己去买票，锻炼孩子的胆量，当孩子表现出进步时，家长要及时给予鼓励和肯定，以增强孩子的信心。

（5）培养孩子的健康人格。家庭对孩子人格的发展有关键作用。首先，家长要为孩子营造温暖和谐的家庭氛围，采取民主的教养方式；其次，家长自身要积极乐观，给孩子以正面的影响；再次，家长要肯定孩子，鼓励孩子在行为方面自主和独立，培养孩子自主和自信的人格；最后，家长要重视孩子的交往、合作、协商等方面能力的培养，让孩子逐渐学会融入社会的规则和技巧。

重要参考

弗洛伊德的人格发展理论

第一阶段：口欲期（0—18 个月）。口欲期的发展过于满足的话会导致出现口欲期依赖人格，比较易于轻信他人、过于依赖他人等。口欲期没有满足的话会出现争论型人格，容易和他人争吵、辩论，对他人有敌意。很多时候，儿童通过咬指甲或铅笔来获得口欲的满足；成人则是通过抽烟、暴食来获得口欲的满足。

第二阶段：肛欲期（18 个月至约 3 岁）。由于大多数幼儿在 18 个月时开始接受如厕训练，这时家人对幼儿如厕的态度也会影响其人格的形成。被家人严格要求和指责的话，会形成肛欲期滞留型人格，特点是死板、保守、固执、吝啬、有洁癖等，并伴有一定的强迫性人格。若家人要求不严格，没有很好的指引，则形成肛欲期排泄人格，不爱讲卫生，很少考虑别人的感受和评价，行为放纵等。

第三阶段：生殖器期（3—6 岁）。假如有人没有很好地通过他的俄狄浦斯情结的话，很有可能会表现出过度的恋父情结或恋母情结，他的社会性别也会被干扰。专家在研究同性恋现象时发现，大多数同性恋者都没有很好地度过这个时期。

33. 独立自主是培养出来的

——幼儿的独立自主性发展与培养

几个小故事

我要妈妈喂

午餐时间，小班的孩子们拿到自己的午餐后，就开始津津有味地吃起来了。只有俊俊一个人望着饭菜发呆，旁边的颜颜对她说："你怎么还不吃啊？"俊俊说："在家里都是妈妈喂我吃的啊！""可是现在妈妈不在这里啊！""我不管，我不管，我就要妈妈喂……"俊俊说着边哭边闹起来……

能干的珂珂

珂珂今年3岁半，上幼儿园小班。和班里的孩子相比，她吃饭速度快，从不挑食；她喜欢自己穿脱衣服，已经会穿有拉链和扣子的裤子；她喜欢自己叠被子，常常帮助老师叠被子……据了解，从珂珂1岁多开始，妈妈就尝试着让她自己的事情自己做，不仅如此，妈妈还有意识地培养她做各种力所能及的家务，小家伙现在已经学会了扫地、洗碗、洗菜等家务，常常在厨房里做小帮手。

奶奶辛苦

早餐时，轩轩不小心把牛奶洒在了外套上。他起身脱下外套，拿起老师手上的抹布把洒在桌上的牛奶擦干净，然后他打开书包，发现没有别的外套了，于是告诉了李老师。虽然今天气温不像前一段时间那么低，但不穿外套还是有点凉。

老师问他要不要打电话叫奶奶送外套过来，他当即拒绝了，说：“不用奶奶送了，奶奶辛苦！”他找找书包，发现还有件毛衣，于是在征求老师的意见后穿上了那件毛衣。

为什么会这样

以上几个故事反映了孩子社会性发展中的独立自主性这一特性。自主性是指行为主体按自己的意愿行事的动机、能力或特性。独立自主是健康人格的表现之一，它对孩子的生活质量、学习质量以及成年后事业的成功和家庭生活的美满都具有非常重要的影响。

第一个故事中的俊俊，由于在家都是妈妈喂饭，因而在园他也不愿自己吃饭，自理能力明显落后于同龄人，形成了非喂不吃的依赖性。很明显，俊俊的表现跟他妈妈的做法分不开，妈妈的包办代替导致俊俊将家里的不良行为习惯带到了幼儿园。

第二个故事中的珂珂，自理能力强，非常独立，不仅乐于自己的事情自己做，而且喜欢担任家人与老师的小帮手。珂珂的独立自主性并非天生的，而是在母亲适宜的引导与教育下形成的。

第三个故事中的轩轩，在牛奶洒了后，能主动应对并解决问题：脱外套、抹桌子与换衣服，在没有外套更换的情况下，为了不让奶奶辛苦，他拒绝了老师打电话叫奶奶送外套的建议，选择了多穿一件毛衣。他既能独立地应对与解决问题，还会关心他人。

心理学家怎么说

意大利儿童教育家蒙台梭利认为，孩子具有强烈的、天赋的内在生命潜力，它表现为自发的冲动，这种冲动又通过机体的难易不同、种类各异的自主活动来实现，孩子在机体与环境的积极互动中，发展自己的独立自主性，最终成为具备自身特色的个体。

蒙台梭利强调培养孩子的独立自主性，可以从活动、环境、秩序等三方面进行培养：

首先，孩子的发展表现为其内在潜能的发展，而潜能表现为自发的冲动，是在生活中逐渐显现出来的，是通过人与环境的交往，通过经验活动而表现出来的。日常生活与有计划的教育教学活动，都是培养孩子独立自主性的重要契机。

其次，独立自主性的培养离不开自主活动，而自主活动又源于有准备的环境。孩子拥有强大的吸收力与学习力，这种内在潜力使孩子有强烈的参与意识，他们渴望与周围的环境互动，去发现、改造世界。成人提供的能满足孩子需要的东西，即“有准备的环境”，能极大地刺激孩子的自主活动，促进其独立自主性的形成。

最后，独立自主性的培养源自孩子的秩序感，即自由活动与遵守纪律的辩证统一。既要保证孩子活动的自由，又要注重培养孩子主动的纪律性，让自由与纪律协调统一。自由活动允许孩子按其本性个别地、自发地表现，以此体验自己的力量，建立独立自主发展的自信与动力。独立自主也离不开纪律，纪律不是成人强加给孩子的，而是孩子发自内心、主动遵守的，纪律源于自由活动，孩子也正是在自由活动中逐渐发展肌肉的协调性与控制性，培养意志力和独立自主性的。

事实上，孩子的独立、自主即发展，孩子根据自己的意向选择（即“内在生命力”）进行活动，而这种发自内心的自由活动又进一步促进了孩子独立自主性的形成。

给幼儿教师的建议

“活动”“有准备的环境”与“秩序”突出反映了后天的教育与环境等因素在孩子独立自主性发展中的重要作用。基于“孩子的发展取决于机体与环境的相互作用”这一论断，教师可以充分利用环境与一日常规，培养幼儿的独立自主性。

具体建议如下。

（1）给予幼儿活动的自由。幼儿按照自己的本性和内在力量进行活动的自由，是培养其独立自主性的首要条件。因此，教师在安排一日活动时，在确保预设活动的适宜性与有效性的基础上，要保证幼儿的自由活动时间，让幼儿根据需要选择自己感兴趣的活动。教师既可利用生活环节（如餐后活动），也可设置专门的操作类活动（如科学类活动），来培养幼儿的独立性与操作性。

（2）提供“有准备的环境”。自出生开始，儿童就不知疲倦地从周围世界中学习，3岁后，幼儿渴望参与改造世界的行动。因此，教师可将自己的教育教学目标物化为可操作的环境，在幼儿主动地与环境互动中实现教育教学目标。如提供适合幼儿年龄特点的生活“仿制品”“家居用品”，通过娃娃家的活动让幼儿熟悉生活、增长生活知识、发展语言能力；让幼儿练习穿珠，发展其精细动作等。

（3）引导幼儿学习自主选择。选择意识与选择能力是幼儿独立自主性的积极表现，因此，教师要引导幼儿学会做选择，做正确的选择。如餐后活动中允许幼儿自主选择活动区域、玩具以及玩耍的同伴；根据幼儿的年龄特点，逐渐扩大幼儿选择的范围；在幼儿的选择过程中观察并发现幼儿的潜能，由此培养幼儿的兴趣与专注力等。

（4）培养幼儿的注意力。幼儿的自由选择源自其对自身兴趣与内在需要的了解，而这种了解有赖于幼儿集中注意，良好的注意力品质又有助于帮助幼儿做更合适的选择，最终发展其独立自主性。教师可通过环境渗透与专门活动来培养幼儿的注意力品质，如小班的区角物品设置数量宜多而种类宜少，随着年龄增长则可逐渐增添种类；可以开展穿珠、找线等专门的活动，发展幼儿的注意力等；当幼儿专心于某一活动时，教师不要随意介入或打断，让幼儿在自我思考与探索中培养独立性的学习品质。

（5）不让常规压抑幼儿的个性。常规也称为纪律，是教师为引导幼儿更好地进行一日活动而建立的活动规则，但纪律并不是要幼儿绝对服从，培养没有个性的“乖”孩子。因此，教师在制定规则与实施规则时，要做到原则性与灵活性相结合。如教师可在了解幼儿的基础上，与幼儿共同商定活动规则，既让幼儿明辨“是非”，知道能做的与不能做的，也让幼儿在被尊重的前提下树立起主人翁的主体意识，形成独立自主性。

给家长的建议

在家庭生活中，家长也可以利用“内在生命力”与“有准备的环境”这一理论，培养孩子的独立自主性。

（1）尊重孩子。孩子“有吸收力的内在生命力”使得孩子有认识与改造环境的需要，也有认识与改造环境的主观愿望。年龄小的孩子，往往是通过对周围世界的探索去感知、认识外在世界，并由此建立自己的精神世界。家长应认识并尊重孩子的这一发展权利，提供机会满足孩子的活动需要，鼓励孩子大胆探索，必要时提供适宜的协助。家长应多使用鼓励性的语言，如“宝宝，只差一点点就成功了！”，切忌对孩子说“不行，你还小，等你长大了再做！”“你看你，做错了吧，说了你不行嘛！”“还是让妈妈给你弄吧！”之类打击孩子积极性的话。

（2）提供适宜的环境。孩子的发展是在与周围环境的互动中实现的，适宜的环境能促进孩子相应能力的发展。家长应在了解孩子的基础上，有选择性地为孩子准备相应的环境，让孩子在自由自在的活动中发展不同的能力。如为孩子提供操作类材料，包括发展大肌肉运动的运动器材（如球等）与发展精细动作的材料（如穿线、剪纸材料等）；为孩子准备书籍，培养孩子的阅读兴趣……如果孩子有比较严重的单一化偏好，则要有意识地转移孩子的兴趣，引导孩子的兴趣爱好全面发展。

（3）不随意中断孩子的活动。孩子良好的注意力品质的培养既需要专门的训练，也需要日常渗透。现实生活中，家长随意中断孩子活动的现象极为常见，这对孩子注意力品质的培养，以及其独立自主性的培养极为不利。因此，家长切忌因自己的原因而随意中断孩子正在进行的活动。如孩子正画着画，妈妈突然接到友人邀请逛街的电话，于是拉上孩子上街去了。这样易导致孩子形成对任何活动都无所谓的观念，也易养成做事有始无终的坏习惯。

（4）发展孩子的生活自理能力。孩子往往乐于学习、需要学习，并且能够掌握生活技能。家长不宜在生活上为孩子包办代替太多，应引导孩子学会各项生活技能，小到穿脱衣物、刷牙洗脸，大到做家务，发展孩子的自理能力。家长切忌因为孩子做事慢、费时间，就贬低孩子，抢着为孩子包办，这样极易造成孩子的依赖与软弱，不利于孩子以后融入社会生活。

（5）鼓励孩子自主选择。选择能力是独立自主性的重要体现。当前家庭中存在的问题不是没有选择，而是选择太多，没有选择和选择太多都不利于孩子选择能力的培养。因此，家长要把握选择范围的度。一般来说，孩子年龄越小，选择的范围越窄，如："你是想去公园玩，还是想去爬山？""你穿这件蓝色的衣服，还是那件红色的呢？"随着孩子年龄的增长，可以增加选择的范围，直至孩子能独立地做选择。

（6）注重孩子活动的过程而非结果。孩子年龄小，做事并无实质的目的，他们享受活动的过程，活动过程也就是孩子活动的目的所在。成人不能以成人重结果的标尺来衡量孩子的活动价值，更不能因为孩子的活动没成果，就阻止孩子活动或否定孩子活动的价值，而应鼓励孩子主动参与活动，并在经验中不断发展。

重要参考

让孩子成为发展的主人

蒙台梭利指出，成人无法直接帮助孩子形成自己，因为那是自然而然的工作；但是成人必须懂得细心地尊重这个目标的实现，也就是提供给孩子形成自己所必需的而他自己却无法取得的材料。

（1）自由是培养孩子独立自主性的首要条件。蒙台梭利认为，要培养孩子的独立自主性，首先要保证孩子活动的自由。她所谓的自由，不是放纵或无限制的自由，而是让孩子学会辨别是非，知道什么是不应当做的。

（2）工作是孩子健康成长的必需。蒙台梭利将孩子的自由活动称为工作，将其区别于游戏。蒙台梭利认为，孩子具有强大的、有吸收力的生命力，这种“内在生命力”是通过自发的冲动表现出来的，而这种冲动的外部表现正是孩子的自由活动（即“工作”）。孩子在“工作”中得到乐趣与满足，并且乐此不疲。

（3）提供有准备的环境。蒙台梭利十分重视环境在孩子成长与发展中的作用。她指出，要培养孩子的独立自主性，就必须为孩子提供能使其变得独立的、有准备的环境，以促进孩子个体与环境的交互作用，否则孩子不可能获得独立、自由的发展。有准备的环境能为孩子提供发展其独特个性的工具，工作则成为孩子发展的内动力；而没有准备的、不利的环境则会成为孩子发展的阻力，使其无法集中注意，从而影响其选择能力的发展，无法形成真正的独立自主性。

34.“我有好朋友”
——幼儿交往能力的发展

几个小故事

邻居就是好朋友

美美和芳芳的妈妈是好朋友，于是两家把房子也买在了同一个小区。美美和芳芳从小就一起玩，从还没学会走路开始，爸爸妈妈就会带着她们互相串门，等到她们自己学会走路了，就经常拉着爸爸妈妈的手要去对方的家里玩。一次，美美妈妈的朋友带着自己的宝宝梅梅从另外的城市过来玩，在电话里面美美也会和阿姨及梅梅问好聊天，于是妈妈要美美和芳芳带着梅梅一起玩，对美美说：“你们三个都是好朋友，美美把你的玩具拿出来与好朋友分享吧。”可是美美对妈妈说：“不对，只有芳芳才是我的好朋友。”

“巧克力”好朋友

蒋老师是幼儿园中班的老师，最近她常发现这样一个现象：在玩具分享活动中，宁宁每次都只愿意与乐乐分享自己的玩具，其他的小朋友都不能玩她的玩具。蒋老师观察了几次之后，为了弄明白其中的原因，就问宁宁为什么不和其他的小朋友分享自己的玩具。宁宁不好意思地告诉蒋老师，乐乐偷偷地送了一颗巧克力给她，乐乐说宁宁吃了巧克力就是她的好朋友，宁宁觉得乐乐把好吃的给自己吃，所以乐乐是自己的好朋友，玩具只能与好朋友一起分享。

他是我的好朋友，我和他玩

中班的几个孩子一起玩游戏，不知怎么的，在玩的过程中出现了一些小纠纷，以致游戏没法进行下去了。为了解决问题继续玩游戏，孩子们提出了两种不同的观点，可是还是没法分出胜负。这时，盼盼过来了，小朋友们都让盼盼来评判，然后决定支持哪一边，盼盼看到萱萱站在右边，就对小朋友们说：“我和萱萱一起玩，因为他是我的好朋友，我要站在他这一边。”

为什么会这样

所谓交往能力，就是指人与人之间传递信息、沟通思想和交流情感等相互联系的能力。在幼儿心理发展过程中，幼儿所接触的各方面的人对幼儿的影响至关重要，幼儿只有在与人交往和相互了解的过程中，才能逐步发展社会交往能力。

友谊是人们在交往活动中产生的一种特殊情感，它与交往活动中产生的一般好感是有本质区别的。友谊是一种来自双向或交互关系的情感，即双方共同凝结的情感，任何单方面的友好都不能称为友谊。

第一个故事中，美美和芳芳从小一起长大，同时两家又住得非常近，一起度过的时间比较多，而美美虽然和梅梅认识，也见过几次面，但是她们的家离得远，所以在美美的概念中，只有与自己住得近的芳芳才是自己的好朋友，而住得远的梅梅则不能成为自己的好朋友。此时的美美还没有形成稳定的友谊概念，在她的观念中，友谊就是地域临近的游戏玩伴之间的情感。

第二个故事中，宁宁和乐乐之间因为一些“利益”的关系而成为好朋友，她们之间的利益就是好吃的食物和好玩的玩具的分享。在宁宁和乐乐看来，好朋友就是能与自己一起分享的人，给自己好吃的好玩的才能成为好朋友，而没有给自己好吃的好玩的则不能成为好朋友，自己的好东西也不能与不是好朋友的人分享。

第三个故事中，可以很明显地看出盼盼认为必须要和好朋友站在一边，这样才算是好朋友，才能一起玩，否则的话就不是好朋友了。盼盼与萱萱之间的友谊已经发展到更进一步的阶段，知道好朋友之间可以互相帮助，但仍带有一定的功利性及不稳定性，也就是说不支持自己或者不和自己玩的人就不是好朋友，只有支持自己的观点并且和自己玩的人才能成为自己的好朋友。

心理学家怎么说

心理学家们经过实验研究发现，儿童的友谊随着儿童的成熟而改变。美国著名儿童心理学家塞尔曼（Selman，1980）认为儿童友谊的发展有五个阶段：

第一阶段（3—7岁），尚不稳定的友谊关系。儿童还没有形成友谊的概念，儿童间的关系还不能称为友谊，而只是短暂的游戏同伴关系。对这个阶段的儿童来说，友谊就是一起玩，朋友往往与实际利益和物质属性以及时空上的接近相关联，认为朋友就是与自己一起玩的人，与自己住在一起的人。

第二阶段（4—9岁），单向帮助阶段。这个阶段的儿童要求朋友能够服从自己的愿望和要求，如果顺从自己就是朋友，否则就不是朋友。

第三阶段（6—12岁），双向帮助阶段。这个阶段的儿童能互相帮助，但还不能共患难，儿童对友谊的交互性有了一定的了解，但仍具有明显的功利性特点。

第四阶段（9—15岁），亲密的共享阶段。儿童发展了朋友的概念，认为朋友之间是可以相互分享的，友谊是随时间推移而逐渐形成和发展起来的，朋友之间应相互信任和忠诚，同甘共苦。他们开始从品质方面来描述朋友，认为自己与朋友的共同兴趣是友谊的基础。儿童的友谊开始具有一定的稳定性，朋友之间可以倾诉秘密，讨论、制订计划，互相帮助。但这一阶段的友谊有强烈的排他性和独占性。

第五阶段（12岁以后），自主的共存阶段，是友谊发展的最高阶段。它以双方互相提供心理支持和精神力量，互相获得自我的身份为特征，由于择友更加严格，所以建立起来的朋友关系持续时间都比较长。

给幼儿教师的建议

幼儿的交往能力在幼儿园教育中占有重要地位，能主动与他人、同伴交往，并持友好态度，是幼儿社会性发展的首要条件。正确的交往技能和交往方式，需要在成人的引导和影响下才能形成。教师必须为幼儿创设条件和环境，使幼儿的交往正常地发生、发展。

（1）创设交往环境。幼儿与同伴的交往，对于幼儿掌握社会交往的技能具有至关重要的意义。教师应该积极创设温馨和谐的社会活动环境，并充分提供幼儿与同伴自由交往的机会，如在饭后的活动中，可以让幼儿自己选择玩伴进行谈话或游戏活动。

（2）情境表演。教师可根据不同年龄幼儿的特点创设不同的情境，通过情境表演的方式，让幼儿加入表演中，以获得并掌握交往的技能。比如，创设抢玩具的情境，表演之后让幼儿来讨论：为什么没人和抢玩具的小朋友一起玩？如果只有一个玩具而大家都想玩，那应该怎么办呢？

（3）同伴榜样示范。榜样示范法是幼儿园常规教育的方法，就是运用正面的榜样为幼儿树立正确的道德规范和行为准则，把浅显的道理置于榜样事件之中，为幼儿提供正确的典范，让幼儿模仿。同伴是幼儿在幼儿园里接触最多的人，同伴的言行举止影响着幼儿的一言一行，教师要善于抓住教育契机来进行随机教育。比如，某个幼儿看见有小朋友摔倒了，主动把小朋友扶起来，看见小朋友伤心难过地哭了会拿纸巾去帮忙擦眼泪，教师可在全班幼儿面前表扬这个小朋友的行为表现。通过幼儿日常生活中这样的小例子，让幼儿以身边的同伴为榜样，从同伴身上学习交往的技能。

（4）角色扮演。角色扮演就是对现实生活中情境的模仿，让幼儿扮演一定的社会角色。如在超市角色扮演游戏中，教师可引导“营业员”礼貌地对

"顾客"说:"请问您需要什么?""我能帮助您吗?"教师还可引导"顾客"学会有秩序地排队和等候。通过教师的正确引导，幼儿获得初步的交往技能。

(5) 通过谈话活动，鼓励幼儿把自己的图书、玩具拿出来与小朋友分享，跟小朋友和老师说一说自己喜欢看的动画片，和小朋友拉拉手、抱一抱表示友好，和小朋友协商游戏的玩法等。

(6) 自带玩具互换游戏。把自己喜欢的玩具带来幼儿园与同伴分享是培养幼儿主动交往能力的途径之一，使幼儿不依靠成人的暗示和引导等外部力量的推动，与同伴进行积极、自主的交流活动。自带玩具分享活动给每个幼儿带来了积极互动的机会，幼儿拿自己的玩具与同伴协商互换，由此，不但满足了幼儿游戏的需要，而且更重要的是，在交往互动中发展了幼儿的玩伴协调行为能力。教师可以每周安排一天进行玩具互换分享活动。

给家长的建议

学会交朋友是每个孩子童年时需要学习的主要任务之一，因为朋友可以使孩子快乐，积极的友谊会给予孩子更多的机会培养社交技巧，可以体现孩子的自我价值和归属感，培养孩子的自信心和自尊心，对孩子的自我评价及自身角色确立有直接影响。孩子可以通过家长的帮助或是自己的经历来学会交朋友。具体建议如下。

(1) 引导孩子学习和人打招呼。家长在周末或假期等时间多带孩子去外面逛逛，如去小区的绿地、公园、动物园等公共场所，当见到其他小朋友或成人时，可以拉着孩子的手主动和对方打招呼:"你好，我叫××，你叫什么名字啊?"家长通过言传身教让孩子感受通过语言和动作与人交往互动的快乐。

(2) 通过角色扮演游戏引导孩子学习人际互动。在家里，爸爸妈妈可以为孩子准备一些玩偶、公仔等和孩子一起游戏玩耍。例如：爸爸妈妈可以用喜羊羊公仔来和孩子对话："你好，我是喜羊羊，我很喜欢你，我们拉拉手做好朋友吧。"将日常生活对话贯穿在游戏中，让孩子学会与人交流和沟通。

（3）教孩子学习基本的交往技能。人的交往技能有很多，如礼貌待人、听人讲话要专心、眼睛看着说话的人、别人问话要回答，等等。家长可以让孩子请小朋友来家里做客，自己当"小主人"，或者去小朋友家做"小客人"。让孩子知道当"小主人"要热情好客，做"小客人"时不能随便动别人家的东西，接受别人的礼物要表示感谢，等等。

（4）教孩子与同伴友好交往。孩子进入幼儿园以后，会更加喜欢并且愿意与同伴交往，家长在为孩子创造社会交往的机会时，也要教育孩子与同伴友好相处，如不打骂人、不独占玩具、遵守规定、与同伴分享自己的好吃好玩的东西等。

（5）为孩子树立正面的榜样。家长的一言一行都对孩子有着潜移默化的影响，家长要注意以身作则，给孩子做出表率，如：邻居家有事主动去帮忙，家里来了客人要热情招待，孩子看到这些友好的行为也会在自己的社会交往中去运用。

（6）让孩子自己解决问题。孩子在与人交往的过程中，总是会遇到各种各样的问题，家长要让孩子自己学会解决问题，在实践中逐步积累与人和睦相处的经验。比如：带孩子上街，要鼓励孩子自己去问路；孩子的同伴来家里玩时，要让孩子自己当小主人，拿出好吃的东西招待客人，等等。

重要参考

同伴文化影响幼儿友谊的发展

（1）同伴互动为幼儿友谊的形成提供了平台。儿童在探索周围环境的同时，会产生参与同伴游戏、创造并保持同伴文化的愿望，并建构出“同伴”或“朋友”的社会身份，同伴互动是同伴接纳和同伴关注的前提，是儿童友谊形成的先决条件和平台。

（2）同伴接纳对幼儿友谊的形成有直接影响。同伴接纳是个体在群体互动中社交地位的反映，对幼儿友谊的形成有直接影响。在群体背景下，一方面，幼儿通过自身的特点、与同伴交往的行为方式来影响同伴对待他的态度，从而确立自己在同伴群体中的地位；另一方面，在一对一的互选朋友关系中，幼儿学习和实践着新的交往模式和技能，继而建立起继续交往的信心，发展同伴之间的友谊。

（3）同伴关注能促进幼儿友谊的升华。同伴关注不仅是幼儿友谊形成的重要因素，还能促进幼儿友谊的升华。幼儿所共同关注的事物不仅有外在的行为举止、长相、卫生习惯、学习成绩等，也有内在的性格、亲密程度等。同伴的行为越符合幼儿的价值观、审美标准，幼儿越容易与同伴发展出友谊关系，且关注的频率越高，其友谊关系越稳定。

35. 理解别人的开始
——幼儿观点采择能力的发展

几个小故事

妈妈你会冷的

豆豆是一个生活在南方的小女孩，直到4岁那年，爸爸妈妈才带她回东北老家过春节。东北老家室内的暖气特别热，室温基本保持在25℃~27℃，但是室外非常冷。一次，妈妈准备带着豆豆外出，豆豆已经穿好羽绒服并戴好帽子和围巾（可以想象在室内穿着羽绒服的燥热），而妈妈还只穿着单衣，豆豆边等妈妈边说："妈妈，我快热死了。""那你先把大门打开，你在门口站着，就不热了。"妈妈回答豆豆。豆豆却说出了一句话，让妈妈既感动又惊讶："妈妈，那样你会冷的，你还没换衣服呢。"

我认为……

晚饭时，6岁的欣欣从锅里盛了一碗饭，妈妈顺口问她锅里的饭还剩得多不多。她说："不多了。"顿了一下，她又说："我觉得不多了，你觉得多不多，你自己看。"而且，妈妈还发现欣欣在回答没有把握的问题时，会说"我认为……"。

他不会害怕的

宣宣的同桌豆豆自由活动时和小朋友发生了争执，被主班老师关进了储藏用的小房间。实习老师问宣宣："豆豆被关进房间里，会不会觉得害怕？"宣宣马上肯定地说："不要担心，他不会害怕的，房间有窗户呢，亮亮的，而且他以前进去过。老师也不会关他很久，一会儿就会让他出来的。"果然，过了 5 分钟左右，老师就让豆豆出来了，他一出来就笑嘻嘻地找人玩去了，脸上也没有被关小房间的难过表情。

为什么会这样

以上的几个小故事都体现了幼儿观点采择能力的发展，所谓观点采择是指一种能站在他人的立场上观察、感受和思考的能力。按照皮亚杰的理论，学前儿童思维发展的突出特点是自我中心性，他们认为自己的想法就是别人的想法，认识不到别人可能具有跟自己不同的观点、行动、思想、意图、态度或者情绪体验。随着儿童社会交往与同伴关系的发展，他们开始认识到自己与别人的不同，慢慢地发展了观点采择能力，逐渐能够区别自己和他人的观点，能对不同观点进行协调，尝试着从不同的角度来看待问题。

第一个故事中，豆豆在暖气房中穿着羽绒服感到很热，但是想到妈妈还只穿着单衣，如果自己将门打开的话，妈妈就会感到很冷。豆豆已经会站在妈妈的立场上考虑问题，懂得体贴妈妈了。

第二个故事中的欣欣已有思辨思维了。不要小看"我认为……"这句话，这句话体现了欣欣观点采择能力的提高。她的认知能力已经发展到能够区别自己和他人的观点，能对不同观点进行协调，正在逐渐"去自我中心"，尝试着从不同的角度来看待问题。

从第三个故事可以看出宣宣具有较强的观点采择能力。当实习老师看到豆豆被关进小房间里时，为他表示担忧。宣宣判断出老师在为豆豆担心，于是安慰老师说豆豆"不会怕"，因为豆豆已经有过被关的经历，而且小房间里有阳光不会黑，宣宣根据这些推断豆豆此时的感受应该是"不害怕"的。

心理学家怎么说

观点采择被形象地比喻为“从他人的眼中看世界”或者是“站在他人的角度看问题”。发展心理学家将观点采择能力定义为区分自己与他人的观点，并进而根据当前或先前的有关信息对他人的观点做出准确推断的能力。观点采择的本质特征是个体认识上的去自我中心，即能够站在他人的角度，从他人的视角看待问题。

塞尔曼曾利用两难故事法对儿童采择他人观点的能力进行了详细的研究。在这项研究中，塞尔曼给儿童讲了一个关于猫的故事。

霍莉是一个8岁女孩，她喜欢爬树，左邻右舍的孩子里数她爬树爬得最好。一天，她从一棵树上往下爬时掉了下来，但并没有受伤。这一切被她的爸爸看到了，爸爸非常担心，要求她发誓再也不爬树了，霍莉答应了。后来有一天，霍莉和她的朋友们遇到了肖恩。肖恩的猫被夹在树上下不来了，必须立即想办法把猫拿下来，不然猫就会从树上摔下来。只有霍莉一个人能够爬上树把猫拿下来，但她记起曾答应爸爸再也不爬树了。

塞尔曼马上问孩子们：霍莉是否知道肖恩对猫的担心？如果霍莉爬了树，那么她认为爸爸将会怎么做？如果爸爸知道她又爬了树，会有怎样的感受？他们在相同的情形下会怎么做？

通过考察儿童对别人观点、思想和情感的认识，塞尔曼将儿童观点采择能力的发展分为四个阶段：

第一阶段（3—6岁）：自我中心阶段。儿童不能区分自己对事件的解释和别人的观点。他们通常认为霍莉会去救那只小猫。当被问及霍莉的爸爸面对霍莉违反诺言会怎样做时，这一阶段的儿童认为他会“很高兴，因为他喜欢猫”。换言之，这些儿童自己喜欢猫，而且假定霍莉和她的爸爸也喜欢猫。他们认识不到，别人可能会有与自己不同的观点。

第二阶段（6—8岁）：意识到别人有不同的观点和解释。当问儿童霍莉的爸爸是否会因霍莉又爬树而生气时，儿童会回答："如果他不知道霍莉为什么爬树，他会生气。但是，如果他知道了霍莉为什么爬树，他会认为霍莉爬树有很好的理由。"这些孩子的意思就是，如果双方得到的信息一样，他们就会得出相同的结论。

第三阶段（8—10 岁）：自我反省的观点采择 。如果问儿童霍莉会不会去爬树，儿童会说："是的，她爸爸会理解她为什么爬树的。"这就是说儿童注意的是霍莉的爸爸对霍莉的观点的考虑。但是，如果问霍莉的爸爸是否希望霍莉爬树，儿童通常回答"不会"，这表明，儿童采择的是霍莉爸爸的观点，在考虑他对霍莉安全的关心。

第四阶段（10—12 岁）：相互的观点采择。在这一阶段，儿童会采择一个与此事无关的第三者的观点来描述"霍莉两难故事"的结果，并表明霍莉和她的爸爸都会考虑对方是怎么想的。例如，一个孩子这样说："霍莉想去救猫，因为她喜欢猫，但是她知道爸爸不让她爬树。霍莉的爸爸曾告诉过霍莉不能爬树，但他不知道猫被夹住了。不管怎样，他可能会惩罚霍莉以坚持他的规则。"

给幼儿教师的建议

虽然学前儿童思维的主要特征还是以自我为中心，但是幼儿在与成人及同伴的交往中，慢慢地了解到自己与他人的区别，能够认识到别人有与自己不同的意见和观点。幼儿教师也可以在日常的教学和生活中，有意识地对幼儿进行观点采择能力的训练。具体建议如下。

（1）语言训练。语言是思维的工具，语言的发展会促进幼儿思维的发展。教师要鼓励幼儿大胆讲话，注意培养幼儿对语义特征、句法成分的理解，鼓励幼儿多与人交流，促进其语言表达能力的发展。例如，教师可以让每个幼儿表达自己的观点，在集体中交流，让幼儿知道每个人的观点都可能是不一样的。

（2）开展假装游戏。教师应充分考虑不同年龄幼儿的已有知识经验，为幼儿创设符合他们年龄特点的假装游戏，并积极诱导幼儿体验游戏过程中所演角色的情感、愿望等，促使幼儿进行角色换位，体验别人的想法、情感，学会理解别人。例如，让两个发生了争执的小朋友互换角色，体验对方的感受。

（3）优化同伴关系。同伴之间的社会互动可以为幼儿提供大量的了解他人观点和协调自己与别人的观点的机会，促进幼儿去自我中心和观点采择能力的发展。教师要多创造幼儿同伴交往的环境和机会，让幼儿在交往和实际的情境中来了解和理解他人的观点，并且学会协调不同的观点。

（4）开展混龄教育。兄弟姐妹之间的交往尤其是同哥哥姐姐的交往将大大促进幼儿心理理论能力的发展，幼儿之间存在着年龄的差异和由此导致的能力差异和经验差异，这就使得幼儿在交往中不得不变换角色，以应付较复杂的关系环境。同时，由于混龄教育团体的动态变化，角色随之发生诸多变化，使得幼儿有更多的机会去体验他人的感情、愿望和信念。教师可以开展不同年级间的交往活动，增加不同年龄段幼儿的交往机会。

（5）开展合作游戏。合作行为要求合作的各方必须从整体角度考虑问题，而不是只从自己的角度出发。教师可以多开展一些合作游戏，增加幼儿之间合作的机会，让幼儿在玩合作游戏的过程中，尝试从他人的角度思考问题。

给家长的建议

观点采择的本质是对他人观点的推理。人的社会经验是在一定的社会环境中积累起来的，家庭是社会结构的基本单位，各种社会关系通过家庭这个中介折射到儿童身上，扩大了儿童认识他人的空间。在家庭环境中增加儿童观点采择的机会，主要有以下几种方法。

（1）民主的教养方式。孩子是根据父母对自己的行为反应来推测其观点的，并在此基础上调整自己的行为。父母采取民主型教养方式，才能充分了解孩子的兴趣、爱好，尊重其意见，与孩子进行平等的交流，满足其要求，从而引导孩子独立地做出自己的决定。

（2）增加同伴互动。现在的孩子基本上都是独生子女，而同伴互动在幼儿的成长过程中是非常重要的。家长要多带孩子与同龄的孩子一起活动玩耍，在交往中孩子会接触和了解到他人与自己的不同，并学会协调这些不同。例如，小伙伴们一起玩可能会为玩具分享而发生争执，家长可以利用这样的情境做分享讨论：先让孩子把玩具给其他小朋友玩，观察他们的心情和表现；不分享给别人时，让孩子观察他人的心情与表现；当孩子没有玩具又很想玩时，让他谈谈自己心里有何感受；如果其他小朋友这时候愿意分享玩具，让他谈谈心里的感受。

（3）角色互换游戏。家长可以在家与孩子玩角色互换游戏，让孩子来扮演爸爸或妈妈，爸爸或妈妈来演孩子，在游戏的过程中让孩子体验爸爸妈妈的角色，从而促进其观点采择能力的提高。

（4）利用生活情境适当地提示孩子。例如，当奶奶说只爱吃鱼头时，可以循循善诱地让孩子去体会"奶奶是不是真的不爱吃鱼肉"，让孩子换一个角度思考，体会到长辈对他的关爱，逐步培养孩子主动尊重、关心长辈。

（5）用讲故事来增强儿童采择不同角色观点和情感的能力。家长可以选择一些能增强孩子观点采择能力的故事书籍。例如，日本著名童书作家五味太郎的《鳄鱼怕怕牙医怕怕》，它以生动幽默的方式，为儿童图解了同一情境下（牙科医院）来看病的小鳄鱼和牙医的感受。儿童一会儿看着左边的鳄鱼怕怕，一会儿看着右边的牙医怕怕，当他意识到两边都在"怕"对方却不知道对方也在怕自己时，一定觉得很有趣。能看懂这个故事，说明儿童已经具备一定的观点采择能力。

重要参考

观点采择与幼儿的心理发展

（1）观点采择与亲社会行为发展。亲社会行为的形成以某种程度的认知能力的发展和他人情绪的共鸣反应的发展为前提。观点采择能力使幼儿从他人的角度出发去考虑问题，可以促进合作、分享等亲社会行为；而缺乏观点采择能力的幼儿往往以自我为中心，不能正确理解他人的意图和行为，出现较多的攻击性行为。

（2）观点采择与同伴关系发展。观点采择有助于调整幼儿对同伴的评价。幼儿在与同伴交往的过程中，只有了解了同伴行为的意图，才能做出恰当的评价和反应，同时也有助于幼儿理解人际关系。

（3）观点采择与自我意识发展。社会心理学家米德指出，个体自我观念的获得过程是通过把自己置于对方的立场上，把自我视为被评价的客体，形成暂时的自我形象。观点采择可以帮助幼儿从他人的眼里来看自己，逐步脱离“自我中心”，对自己的评价日渐客观。

36. 幼儿移情能力的发展
——孩子的同情心萌芽了

几个小故事

又不是我推的

恩恩的妈妈和冬冬的妈妈是大学同学，两个小朋友经常在周末一起玩。周末，恩恩的妈妈带着恩恩来冬冬家做客。妈妈让冬冬带着妹妹在一边玩玩具，看见两个小朋友玩得很开心，两位妈妈就放心地坐到沙发上开始聊天了。可是不一会儿就听见孩子哭了起来，过去一看，原来是恩恩不小心摔倒了，正坐在地上哭呢，冬冬却没有任何表示，仍然在一边玩自己的玩具。妈妈很生气，对冬冬说："妹妹摔倒了，你怎么不拉她起来？"冬冬很理直气壮地回答："又不是我推的，她是自己摔倒的，我干吗要拉她？"

今晚我不听故事了

文文4岁了，每天晚上都要在妈妈的故事声中入睡。一天妈妈感冒了，躺在床上休息，文文跑过去要妈妈讲故事给她听。爸爸拉着文文说："妈妈现在很难受，就像你感冒的时候那样难受。你去帮妈妈倒杯温水来好吗？"文文想了想，就去倒水了，回来的时候，她看见爸爸正在轻轻地帮妈妈按摩头部，并询问："你感觉好点没有？"文文看了一会儿，也走过去，坐在床边轻轻地拍着妈妈，就像平时妈妈轻柔地拍她一样，并对妈妈说："妈妈，你感冒了要多休息，今晚不要给我讲故事了。"

他伤心了

老师在给小朋友们讲故事，名字叫“有用的一句话”，故事大意是这样的：希希在路边玩皮球，不小心砸到了一个过路的大哥哥，希希怕大哥哥打他，就从大哥哥身边跑了，结果又不小心踩了大哥哥一脚。希希躲在墙角偷偷看着大哥哥，大哥哥也在看他。大哥哥看了他一会儿，弯腰从地上捡起什么东西就走了。希希见大哥哥走了就去捡皮球，可是怎么都找不到了，于是希希“呜呜”地哭了……老师刚讲到这里，其他孩子还没有任何反应，只有洋洋大声地说了一句：“他伤心了！”

为什么会这样

移情又被称为感情移人，是由他人的情绪、情感状态引起，并与之相一致的情绪、情感体验，是主体与客体之间的一种共鸣情感反应。通俗地讲，移情是指个人想象自己处于他人的境地，并理解他人的情感、欲望、思想及活动的能力，即设身处地地为别人着想的能力。

第一个故事中，冬冬的问题在于缺乏对他人情感的理解与共鸣，也就是心理学所说的缺乏“移情”能力。幼儿时期正处于自我概念的发展阶段，幼儿大多是以自我为中心的，他们还不太会理解别人的想法，也不懂得站在别人的角度想问题，更不懂得什么是体会别人的感受。幼儿在移情能力还没有得到发展的时候，难以识别他人的情绪、情感状态，难以获得与他人相近的情感体验，也难以理解他人的情感反应，当然就不会出现同情、助人的行为。冬冬的问题就出在这儿，他缺少移情能力，因而对他人的情感状态表现出淡漠和任性的反应。

第二个故事中的文文，能够在爸爸的言语引导下对妈妈表现出同情和关心的行为，并且学着爸爸妈妈之前对她的关心模式来采取行动关心妈妈。父母的同情模型能影响孩子移情能力的发展，在这种环境中，孩子的亲社会行为和移情能力也能得到很好的发展。

第三个故事中，洋洋对他人的情感状态具有很强的认知能力。他能迅速地从人物的外部表现判断其内心的感受，而且这种判断并不是通过呈现在眼前的人物表情来完成的，而是通过“呜呜”和“哭”这两个表现人物感受状态的词完成的。

心理学家怎么说

研究移情的发生和发展是借助于研究痛苦移情进行的。刚出生两天的婴儿听到另一个婴儿的哭声会使劲地哭，他们的哭声不是出于模仿，而是他们真的难过，为哭声而焦虑，这是痛苦移情的最早形式，也称为“原始移情”。

霍夫曼在对儿童的移情研究中发现，移情的发展不仅与个体的情绪发展有关，还与个体对他人的认知能力的发展有关。他认为，移情能力是在情绪激起和对他人的社会认知能力的基础上产生和发展的，大致经历了如下过程：个体最初不能区分自我与他人，接着能知觉到他人是不同于自己的客体，然后知道他人具有独立于自己的包括情感在内的各种内部的东西，最后意识到每个人各有自己的发展历史、过去经验和个人尊严。霍夫曼把儿童移情的发展分为四种水平：

第一种水平：普遍性移情。在婴儿 1 岁以前的大部分时间里，即在婴儿获得个体恒常性之前，反映他人情绪体验的表情线索可能能够引发普遍性移情情绪反应——一种来自感受与刺激的混合，这些刺激可能来自婴儿自己的身体或来自对他人的模糊的知觉以及来自情境的刺激。

第二种水平：“自我中心式”移情。出生第二年，儿童的自我意识开始萌芽，能充分意识到自我与他人的不同，能够在意识到他人而并非自己正在体验一种情绪时产生移情唤醒。此阶段的儿童仍不能充分地把自己与他人的内部状态区分开来，会把别人的混淆为自己的，在安慰他人时犹如安慰自己一般，因此其采取的帮助方式可能是不恰当的。

第三种水平：对他人感受的移情。随着角色采择能力的发展，儿童逐渐能够区分自己和他人的情绪状态。相应地，他们能够对他人的感受进行推断，做出更多的反应。在这一阶段，儿童能够认识到他人的需要可能不同于自己，从而能够更加熟练地采用合适的方式去帮助别人。

第四种水平：对他人总体生活状况的移情。在儿童后期，儿童对人类的理解随着认同感的增长而增加，认识到自己和他人各有历史和个性，能够注意到他人的生活经验和背景，不仅能够理解他人的眼前痛苦，而且能够从更广阔的生活经历来看待他人所感受的愉悦和痛苦，能够认识到他人的生存环境或是条件是他人长期痛苦的根源。

给幼儿教师的建议

健康的师幼情感是平等且相互尊重的，要达到这种平等和互通，移情在其中起着非常重要的作用，教师应该站在理解、帮助幼儿的角度，及时发现幼儿的需要，适时地引导幼儿获得更多的移情技能：增强理解他人的能力。教师对幼儿进行移情能力的培育可以通过以下方式进行。

（1）游戏中识表情。对表情的认识和了解是进行移情的基础，教师可以通过绘本及故事让幼儿认识各种情绪及表情，让幼儿知道不同的表情呈现着不一样的情绪。如让幼儿知道笑脸是与开心愉快的表情相对应的，哭脸与伤心难过等表情相对应，逐渐让幼儿学会“察言观色”。

（2）“将物拟人化”。在各种活动中，将物拟人化，让幼儿把活动中的物和自己联系起来。例如，在幼儿采摘树叶和花朵时，可以对他说：“你把树叶和花摘下来，他们会疼的，这样他们就不会再和你做朋友了。”幼儿追打小动物，可以对他说：“你打小鸡，就像别的小朋友打你一样，小鸡该有多痛啊！”把一草一木都变成有生命的物体，培养孩子的移情。

（3）向幼儿倾诉情感。教师应该向幼儿适当地表达情感，比如，当一些捣蛋鬼扰乱了活动的进行让人头疼不已时，教师可以让幼儿安静下来，并且告诉他们：“有些小朋友的做法让老师很生气，老师现在很伤心！现在老师不想进行活动了，你们说说该怎么办呢？”幼儿知道了老师生气的原因之后，才能理解老师的行为与动机。

（4）接纳幼儿的情感。教师要做幼儿情感的聆听者，耐心地引导幼儿将他们的情绪表达出来。特别是在幼儿情绪不好的时候，老师可以问问他："发生什么事情了？你可以和老师说说吗？老师知道你现在一定很难过、很伤心！"如果幼儿的情绪得到了认同和重视，就知道自己在困难或烦恼时，可以得到理解和帮助；反之，则会产生自卑的心理，不利于移情能力的获得。

（5）通过故事了解情绪的多面性，判断他人的情感表现。教师可以给幼儿提供一些关于情绪的绘本或动画，有意识地引导幼儿观察故事图书、动画中人物的表情，结合故事判断人物的内心感受，了解人物的情感体验，理解人们在不同的情境下会产生不一样的感受。

（6）结合生活事件进行移情。根据不同的生活事件，引导幼儿描绘自己在该事件发生时的感受，希望别人如何理解、帮助……从分析自己来判断别人此时的内心感受。比如，小朋友拒绝分享玩具后的心情怎样，此时最希望他人为自己做什么。由此推及他人，让幼儿想象如果是别人遇到这样的情况会有什么样的感受，从而实现移情。

给家长的建议

儿童3～4岁时便已经开始具有移情能力了，能从表情来辨别和理解成年人的情绪，并采取一定的方式来取悦他们。移情能力在同伴交往中有很重要的作用，因此，当孩子已经满3岁时，家长就应该考虑对他进行移情能力的培养了。具体建议如下。

（1）教孩子认识各种情绪。识别他人的情绪，是孩子移情能力形成的基础。在日常生活中，家长可以引导孩子"察言观色"，让孩子知道高兴、生气、害怕、讨厌、好奇等多种情绪，正确感受他人的内心活动。

（2）鼓励孩子表达自己的情感。情感的表达能促进幼儿移情能力的发展。家长在日常生活中不要只关注幼儿是否吃饱穿暖，还要听听他的心里话。

家长要经常问问孩子：你今天开心吗？你看起来好像不高兴，是不是发生什么不愉快的事情了？能跟妈妈说说吗？要引导孩子说出自己的感受，而且要认真倾听，不要打断。

（3）引导孩子看图识表情。绘本故事可以为幼儿移情能力的发展提供情境，搭建一座桥梁。当孩子看绘本的时候，家长可以指着书中的主人公对孩子说："你看这个小朋友在外面玩得多开心。""这个小朋友好像有点不高兴，你看他噘着嘴，是不是饿了呢？宝宝你饿了的时候也是这样的表情哦。"通过绘本中的图画和故事情境，试着让孩子了解自身和他人在某种情境下的感受，以及不同的情绪表露出的内心感受。

（4）通过角色扮演让孩子换位思考。让孩子扮演他人，体验他人在那样的情境下的心理活动，以使孩子进入情感共鸣状态。如孩子摔跤了，把他扶起来以后，除了进行语言上的安慰，还可以联系孩子之前的情境："你看上次丽丽摔倒了，你都没有扶她起来，她一定很痛也很伤心。妈妈如果不扶你的话，你也会很伤心的，对不对？下次你见到别的小朋友摔倒了需要你帮助的时候，你要帮忙好不好？"角色互换能让孩子把过去的情绪、情感体验迁移到相应的情境中，置身其中更容易设身处地地站在他人的角度思考，体验他人当时的情绪反应，从而产生移情与共鸣。

（5）重视与孩子的情感沟通。家长不要认为孩子还很小，什么都不懂，于是什么都不和孩子说。其实家长可以与孩子分享自己的情绪，让孩子更多地了解自己的感受。家长可以向孩子陈述自己的情绪状态以及原因，可以明确地告诉他：你这样做，我很高兴，很开心；你那样做，我很痛苦，很伤心。这样，孩子对其他人的各种情绪才会有更多的认识和了解，才能更好地处理，也才能更深切地了解和认同他人的感受。

（6）发挥家长的榜样作用。家长是孩子的第一任老师，家长的一言一行都对孩子具有潜移默化的影响。孩子伤心难过时家长有没有安慰，看见需要帮助的人有没有及时伸出援手，乘坐公共汽车时有没有给老人让座等，都会影响孩子。

重要参考

移情与幼儿社会性行为发展的关系

移情与亲社会行为之间存在着密切的关系，移情的发展在亲社会行为的发展中起着重要的作用。许多心理学家都认为移情是婴幼儿利他行为和其他亲社会行为的一个重要的中介因素。霍夫曼的研究表明，移情的婴幼儿更容易做出对他人的帮助和分享行为，移情增加了助人和其他亲社会行为。

大量关于婴幼儿移情与攻击性行为关系的研究在总体上明确了情绪性移情倾向与攻击性行为及外显的反社会行为之间的显著负相关，相关实验也证实了有欺负行为的婴幼儿比有亲社会行为的婴幼儿表现出更低的移情意识，移情对攻击性行为等反社会行为能起到抑制的作用。

万千教育

学前教育类书目

书号	书名	著、译者	定价(元)
幼儿园教师专业成长指导			
2547	认识婴幼儿的游戏图式	张 晖 等 译	48.00
2113	做会沟通的幼儿教师	胡剑红 等 主编	38.00
2236	幼儿园文案撰写规范与技巧	刘 敏 等 著	52.00
2311	幼儿园探究性环境创设（四色）	康 丹 等 译	48.00
2056	小脑袋，大问题（四色）	孟 晨 译	48.00
2309	破解幼儿园教师的90个工作难题	杜长娥 徐 钧 主编	52.00
2112	幼儿园优质教研活动设计方案	朱 清 等 著	38.00
1781	给青年幼儿教师的建议	吴邵萍 著	40.00
8470	答新手幼儿教师120问	刘洪霞 主编	28.00
1798	幼儿园新手教师指导手册	王 芳 等 著	48.00
1783	从新手到骨干——幼儿教师专业成长故事	尹坚勤 编著	42.00
1780	幼儿教师追求幸福的方法	余胜兰 著	42.00
9111	做个幸福快乐的幼儿教师 ——为你的专业成长支招	莫源秋 著	28.00

9047	幼儿教师临场应变技巧60例	冯伟群　著	25.00
8930	幼儿教师易犯的150个错误	伍香平　编著	32.00
0070	幼儿教师必知的礼仪规范	向多佳　编著	38.00
9611	幼儿园教师必知的60条教育政策与法规	洪秀敏　编著	34.00
幼儿园教师专业成长指导系列合计			681.00
幼儿园教师教学技能与活动指导			
2727	从头到脚玩绘本（全彩）	董旭花　张海豫　主编	78.00
2253	理解儿童心理从绘画开始（全彩）	陈　侃　著	38.00
0760	幼儿园备课·说课·听课·评课	俞春晓　等　著	42.00
9499	幼儿教师必须修炼的10项教学技能	俞春晓　著	25.00
9454	幼儿园教学诊断技巧与对策58例	王春燕　等　著	38.00
9612	幼儿园综合主题活动 ——设计技巧与优秀案例	赵旭莹　等　主编	42.00
1235	幼儿园绘本美术活动创意设计（全彩）	郭莉萍　赵福云　主编	68.00
9323	幼儿园美术活动创意设计（全彩）	罗　梅　赵福云　主编	56.00
0180	给幼儿教师和家长的81条美术教育建议（全彩）	李力加　著	62.00
9150	幼儿园节日活动精彩设计方案	刘洪霞　主编	35.00
9590	幼儿园语言活动创新设计	郭咏梅　著	32.00

……